Margot Schlusselhuber

Potentiel thérapeutique de peptides antimicrobiens équins

Margot Schlusselhuber

Potentiel thérapeutique de peptides antimicrobiens équins

Etude dans le cadre de la lutte contre la rhodococcose du poulain

Presses Académiques Francophones

Impressum / Mentions légales

Bibliografische Information der Deutschen Nationalbibliothek: Die Deutsche Nationalbibliothek verzeichnet diese Publikation in der Deutschen Nationalbibliografie; detaillierte bibliografische Daten sind im Internet über http://dnb.d-nb.de abrufbar.

Alle in diesem Buch genannten Marken und Produktnamen unterliegen warenzeichen-, marken- oder patentrechtlichem Schutz bzw. sind Warenzeichen oder eingetragene Warenzeichen der jeweiligen Inhaber. Die Wiedergabe von Marken, Produktnamen, Gebrauchsnamen, Handelsnamen, Warenbezeichnungen u.s.w. in diesem Werk berechtigt auch ohne besondere Kennzeichnung nicht zu der Annahme, dass solche Namen im Sinne der Warenzeichen- und Markenschutzgesetzgebung als frei zu betrachten wären und daher von jedermann benutzt werden dürften.

Information bibliographique publiée par la Deutsche Nationalbibliothek: La Deutsche Nationalbibliothek inscrit cette publication à la Deutsche Nationalbibliografie; des données bibliographiques détaillées sont disponibles sur internet à l'adresse http://dnb.d-nb.de.

Toutes marques et noms de produits mentionnés dans ce livre demeurent sous la protection des marques, des marques déposées et des brevets, et sont des marques ou des marques déposées de leurs détenteurs respectifs. L'utilisation des marques, noms de produits, noms communs, noms commerciaux, descriptions de produits, etc, même sans qu'ils soient mentionnés de façon particulière dans ce livre ne signifie en aucune façon que ces noms peuvent être utilisés sans restriction à l'égard de la législation pour la protection des marques et des marques déposées et pourraient donc être utilisés par quiconque.

Coverbild / Photo de couverture: www.ingimage.com

Verlag / Editeur:
Presses Académiques Francophones
ist ein Imprint der / est une marque déposée de
OmniScriptum GmbH & Co. KG
Heinrich-Böcking-Str. 6-8, 66121 Saarbrücken, Deutschland / Allemagne
Email: info@presses-academiques.com

Herstellung: siehe letzte Seite /
Impression: voir la dernière page
ISBN: 978-3-8381-7126-5

UNIVERSITE de CAEN/BASSE-NORMANDIE
U.F.R. : Médecine
ECOLE DOCTORALE Normande Biologie intégrative, Santé, Environnement

UN(AEN
université de Caen
Basse-Normandie

EdNBiSE
Ecole doctorale Normande
Biologie Integrative,
Santé, Environnement

Cotutelle de thèse
entre
L'Université de Caen Basse-Normandie *(France)*
et
Christian-Albrechts-Universität zu Kiel *(Allemagne)*
Arrêté du 6 janvier 2005

THESE

Présentée par
Melle Margot SCHLUSSELHUBER

Et soutenue
le 19 octobre 2012

En vue de l'obtention du

DOCTORAT de L'UNIVERSITE de CAEN
Spécialité : Aspects Moléculaires et Cellulaires de la Biologie
(Arrêté du 07 Août 2006)

TITRE

Potentiel thérapeutique de peptides antimicrobiens équins contre *Rhodococcus equi* et d'autres pathogènes majeurs du cheval

MEMBRES du JURY

Mr Gilles SALVAT	Docteur vétérinaire, Anses, Ploufagran/Plouzané France	*Rapporteur extérieur*
Mr Andreas THOLEY	Professeur, Universität zu Lübeck, Allemagne	*Rapporteur extérieur*
Mr Matthias LEIPPE	Professeur, Christian-Albrechts-Universität zu Kiel, Allemagne	*Examinateur*
Mme Claire LAUGIER	Docteur vétérinaire, Anses, Dozulé France	*Co-Directeur de thèse et Examinateur*
Mr Roland LECLERCQ	Professeur, Université de Caen, France	*Directeur de thèse*
Mr Joachim GROTZINGER	Professeur, Christian-Albrechts-Universität zu Kiel, Allemagne	*Co-Directeur de thèse*

1

TABLE DES MATIÈRES

ABBREVIATIONS

ADN	Acide Deoxyribonucleique
ARN	Acide ribonucléique
BLSE	Beta-Lactamase à Spectre Etendu
CD	Cellule Dendritique
CMB	Concentration Minimale Bactéricide
CMI	Concentration Minimale Inhibitrice
CSE	Cephalosporine à Spectre Etendu
DC	Dichroïsme circulaire
DL90	Dose Léthale 90%
DMEM	Dulbecco's Modified Eagle Medium
DS	Dermaseptine
E. coli	*Escherichia coli*
FDA	Food and Drug Administration
GR	Globule Rouge
h	Heure
HNP	Human Neutrophils Peptide
HS	Heparan Sulfate
HSV	Herpes Simplex Virus
K. pneumoniae	*Klebsiella pneumoniae*
LPS	Lipopolysaccharide
MDR	Résistants à plusieurs antibiotiques (Multi Drug Resistant)
MEB	Microscopie électronique à balayage
MEM	Modified Eagle Medium
Min	Minute
MprF	Multiple peptide resistance Factor
MRSA	Methicillin Resistant *Staphylococcus aureus*
PAM	Peptide Antimicrobien

P. aeruginosa	*Pseudomonas aeruginosa*
PBS	Tampon Phosphate Salin (Phosphate Buffered Saline)
R. equi	*Rhodococcus equi*
RCPG	Récepteur Couplé aux Proteins G
RP-HPLC	Reverse Phase High Performance Liquid Chromatography
S. aureus	*Staphylococcus aureus*
S. enterica	*Salmonella enterica*
S. zooepidemicus	*Streptococus equi* subsp *zooepidemicus*
SVF	Sérum de veau foetal
UFC	Unité Formant Colonie
VIH	Virus de l'Immunodeficience Humaine

GLOSSAIRE

Amphipathique   Contient à la fois des régions polaires (hydrophiles) et des régions non polaires (hydrophobes) dans la structure.

Antibiotique   Agent chimiothérapeutique originalement produit par un micro-organisme qui tue ou inhibe la croissance d'autres micro-organismes, tels que des bactéries, des champignons ou des protozoaires. Ils ne sont pas efficaces contre les virus. Avec les progrès de la chimie organique de nombreux antibiotiques sont maintenant obtenus par synthèse chimique.

Peptides antimicrobiens   Également connus sous le nom de peptides de défense de l'hôte, ce sont des "substances antimicrobiennes polypeptidiques codées par des gènes, synthétisés par des ribosomes, de moins de 100 résidus d'acides aminés. Cette définition qui les distingue de la plupart (mais pas tous) des antibiotiques peptidiques de bactéries et de champignons, synthétisés par des voies métaboliques spécialisées et qui souvent incorporent des acides aminés exotiques ". (Ganz, 2003 (120))

Biofilm   Couche de micro-organismes adhérant à la surface d'une structure, qui peut être organique ou inorganique, associés avec les polymères qu'elles sécrètent. Les biofilms sont très résistants aux antibiotiques et aux agents antimicrobiens.

Chimiokine	Famille de petites cytokines qui induisent le chimiotactisme dirigé vers les cellules sensibles à proximité.
Colique	Douleur abdominale grave provoquée par un spasme, une obstruction ou une distension de l'un des viscères creux, tels que les intestins.
Colostrum	Premier lait sécrété au moment de la parturition, différant du lait sécrété par la suite car il contient plus de lactalbumine et de la lactoprotéine. Il est également riche en anticorps qui confèrent une immunité passive aux nouveau-nés.
Bactéries commensales	Bactéries présentes normalement sur certaines parties du corps et qui tirent profit de l'autre organisme sans lui nuire. Les commensaux peuvent devenir des pathogènes opportunistes.
Cytokine	Terme générique pour des protéines non-anticorps, libérées par divers types de cellules immunitaires, qui se lient à des récepteurs de surface cellulaires et transduisent des signaux. Ils agissent comme des médiateurs intercellulaires. Les cytokines comprennent les facteurs de stimulation des colonies, des interférons, des interleukines, des lymphokines, qui sont sécrétées par les lymphocytes.

Dépression	Abaissement anormal du niveau d'une activité ou d'une fonction physiologique, telle que la respiration.
Granulocyte	Type de leucocyte caractérisé par la présence de granules cytoplasmiques. Les granulocytes sont les basophiles, les éosinophiles et les neutrophiles.
Granulome	Masse caractérisée par une agrégation de cellules inflammatoires mononucléaires tels que des macrophages modifiés ressemblant à des cellules épithéliales, habituellement entouré par un rebord de lymphocytes et de cellules géantes.
Incidence	Nombre de nouveaux cas détectés dans la population à risque pour une maladie durant une période spécifique.
Fourbure	Maladie du pied, caractérisée par une inflammation du tissu stratifié auquel le sabot est fixé.
Léthargique	État de lenteur, inactivité et apathie.
Mastite	Inflammation de la mamelle.
Métrite	Inflammation de l'uterus.
Mortalité	Nombre de décès par unité de population dans une région et un espace temps spécifique.
Pathogène	Un pathogène opportuniste cohabite sans danger dans le

opportuniste	cadre de l'environnement normal de l'organisme et ne devient une menace pour la santé que lorsque le système immunitaire du corps diminue.
Ostéomyélite	Inflammation des os et de la moelle osseuse généralement due à une infection bactérienne.
Pneumonie	Inflammation des tissus pulmonaires le plus souvent d'origine infectieuse.
Prévalence	Nombre total de personnes connues pour avoir eu la maladie durant une période spécifique.
Parasite protozoaire	Groupe d'organismes eucaryotes unicellulaires adaptés pour envahir les cellules et les tissus d'autres organismes.
Pyogranulomateux	Infection caractérisée par la formation de granulomes et la production de pus.
Rhinite	Inflammation des muqueuses nasales.
Choc séptique	Choc qui se produit pendant la septicémie lorsque des endotoxines ou des exotoxines sont libérées de certaines bactéries, en particulier à Gram négatif, dans la circulation sanguine. Ces toxines provoquent une vasodilatation, ce qui entraîne une chute dramatique de la pression artérielle. La fièvre, tachycardie, augmentation de la fréquence respiratoire, la confusion

ou coma peuvent également se produire.

Septicemie   Infection systémique, dans laquelle les agents pathogènes sont présents dans le sang circulant.

Tachypnée   Respiration anormalement rapide.

Trachéite   Inflammation de la trachée.

Zoonose   Maladie animale qui peut se transmettre à l'homme.

Zwitterionique   Molécule qui transporte à la fois charge néagtive et charge positive.

LISTE DES FIGURES

LISTE DES TABLEAUX

PREFACE

A u cours de la dernière décennie, la sensibilité des bactéries aux antibiotiques conventionnels a diminuée sensiblement aussi bien en médecine humaine que équine et l'on assiste à l'émergence de microbes multi-résistants (MDR). L'isolement d'espèces bactériennes zoonotiques chez les équidés telles que des entérobactéries productrices de β-lactamases à spectre étendu, *Pseudomonas aeruginosa* résistants aux fluoroquinolones, *Staphylococcus aureus* résistants à la méthicilline et d'autres bactéries multirésistantes soulève de sérieuses inquiétudes pour l'avenir, en raison d'options thérapeutiques extrêmement limitées. En outre, *Rhodococcus equi*, la principale cause de décès chez les poulains agés de un à six mois dans la région de Normandie en France, présente une baisse de sensibilité aux antibiotiques classiquement utilisés et des souches résistantes sont d'ors et déjà reportées (22, 46, 59, 177).

En Europe, seul un nombre limité de composés antibactériens sont autorisés en médecine équine par rapport aux autres animaux ou aux humains. Il y a par ailleurs un sentiment général que de nouveaux médicaments efficaces ne sont pas mis sur le marché à un rythme suffisant pour suivre l'émergence constante de nouvelles résistances aux antibiotiques. Depuis 2003, seule une poignée d'antibiotiques ont été approuvés sur le marché et aucun d'entre eux n'étaient réellement innovant. Cela donne à penser qu'il pourrait y avoir un problème dans le traitement des infections équines menant à un risque potentiel de santé publique si de nouveaux médicaments à large spectre efficaces ne sont pas disponibles dans un avenir proche. Pour surmonter cette tendance, les chercheurs et les cliniciens sont maintenant mis au défi de développer des familles d'agents anti-infectieux réellement innovantes avec des modes d'action fondamentalement differents de ceux des antibiotiques traditionnels (205).

Les peptides antimicrobiens (PAM), principalement de petits peptides cationiques qui participent à la réponse immunitaire innée des organismes vivants, présentent un grand intérêt en tant que nouvelles molécules thérapeutiques au coté des antibiotiques en raison de leur large spectre d'action et un moindre risque de sélection de résistance (228, 418). Plusieurs d'entre eux appraissent comme de potentiels anti-infectieux et ont déjà fait l'objet d'essais cliniques. Avec plus de 30 PAMs identifiés à ce jour chez les chevaux, cet animal représente une merveilleuse source de nouvelles molécules pour une application en thérapeutique.

Suite à une étude préliminaire prometteuse sur l'activité d'un PAM d'origine équine (DEFA1) contre divers agents pathogènes bactériens du cheval, un projet européen dirigé par le Dr J. Cauchard (nommé HippoKAMP), émerga afin d'identifier, de produire et d'évaluer le potentiel thérapeutique de PAMs équins contre les principaux agents pathogènes du cheval. Grace à une collaboration entre l'Agence nationale de sécurité sanitaire de l'alimentation, de l'environnement et du travail (Anses) site de Dozulé, l'Université de Kiel et Vétoquinol (la 10e plus grande entreprise pharmaceutique vétérinaire dans le monde), ainsi que le soutien financier de l'Union européenne (Fonds européen de développement économique et régional), du Conseil régional de Basse-Normandie, l'Institut Français du Cheval et de l'Equitation, et l'Anses, le projet débuta par cette thèse en Novembre 2009.

En raison de la supervision conjointe du travail de thèse, des expérimentations ont été menées en France au sein du laboratoire de l'Anses site de Dozulé et en Allemagne au sein de l'Institut de Biochimie (Christian-Albrechts-Unversität zu Kiel). L'Anses est un organisme public relevant de cinq ministères français (santé, agriculture, environnement, travail et Consommation). Sa mission principale est de contribuer à la protection de la santé humaine dans les domaines de l'environnement, du travail et de l'alimentation, mais il contribue également à la protection de la santé et du bien-être des animaux et, plus récemment, à la protection de la santé des végétaux. L'agence comprend 13 laboratoires de référence et de recherche. Le laboratoire de pathologie équine de Dozulé (France), dirigé par le Dr C. Laugier, contribue à améliorer la santé des chevaux par l'étude des agents infectieux et des parasites gastro-intestinaux, par la réalisation d'autopsies et d'enquêtes épidémiologiques ainsi qu'en développant des outils de diagnostiques et prophylactiques dans le cadre du système de qualité ISO 17025. L'Institut de biochimie de l'Université de Kiel comprend 13 groupes de recherche. Le groupe dirigé par le Pr. J. Grötzinger est impliqué dans l'étude de la structure tridimensionnelle des protéines antimicrobiennes pour une meilleure compréhension de leurs mécanismes d'action et l'étude de la relation structure / fonction de cytokines et de leurs récepteurs. Au cours de cette thèse, j'ai également eu l'occasion de travailler à l'EA2128 «Relations Hôte et Microorganismes des épithéliums " dirigé par le Pr. R. Leclercq, qui est devenu en Janvier 2012 "Unité de Recherche Risques Microbiens " (Université de Caen Basse-Normandie, France) dirigé par le Pr. Alain Rincé. Cette unité de recherche se concentre sur les mécanismes de résistance aux antibiotiques et la pathogénicité des bactéries responsables d'infections nosocomiales. Le projet HippoKAMP a permis de combiner la grande expertise de ces trois laboratoires : dans les maladies infectieuses équines (laboratoire de Dozulé), la biochimie des peptides (Institut de biochimie) et la résistance aux antimicrobiens (URRM), respectivement.

Pour comprendre la nécessité de nouvelles armes en médecine équine, ce manuscrit s'ouvre sur une revue de la littérature divisée en deux chapitres. Le premier présente les principaux agents pathogènes du cheval responsables de maladies bactériennes, qui ont été utilisés au cours de mon travail de thèse. Le deuxième chapitre passe en revue les connaissances générales sur les PAMs, leur potentiel comme outils thérapeutiques et fait le bilan sur les peptides d'origine équine.

REVUE DE LA LITTERATURE

I. Pathogènes équins

1) *Rhodococcus equi*

La bactérie, précédemment connue sous le *Corynebacterium equi*, a initialement été décrite par Magnusson en 1923 comme l'agent causal d'une pneumonie pyogranulomateuse chez des poulains (219). Le pathogène fut finallement reclassifié comme *Rhodococcus equi* à la fn des années 70 (130). *R. equi* est une bactérie Gram-positive ayant une morphologie variant de bacillaire à coccoïde en fonction des conditions de croissance (115). Les souches virulentes portent un plasmide circulaire qui leur permet de survivre et de se multiplier à l'intérieur des macrophages de l'hôte en arrêtant la voie normale de la maturation du phagosome. Néanmoins, les bactéries sans plasmide sont tuées avec succès par la maturation du phagosome grace à l'action combinée d'un pH faible, des enzymes et la production de dérivés réactifs de l'oxygène (109, 360).

La rhodococcose se déclare préférentiellement chez les organismes dont le système immunitaire est affaibli, soit naturellement, soit pour cause de maladie ou de traitement médical (126). La maladie est typiquement reportée chez les poulans de un à six mois et est l'une des causes les plus fréquentes de mortalité à cet âge (195, 347, 393). La grande sensibilité des poulains à l'agent pathogène peut être dûe à leur système immunitaire immature combiné à la diminution des anticorps maternels spécifiques transmis par l'intermédiaire du colostrum (30). Les poulains sont infectés par *R. equi* alors qu'ils brouttent ou par inhalation de poussières de sols contaminés (257). Bien que *R. equi* peut être trouvé dans l'air expiré de poulains malades, la contamination croisée entre les poulains n'a jamais été démontrée à ce jour (257). Au stade précoce de la maladie, les lésions pulmonaires se développent lentement avec la formation d'abcès granulomateux multiples contenant *R. equi* dans les lobes pulmonaires crânio-ventraux. Dans certains cas, le parenchyme pulmonaire devient nécrotique et l'infection se propage aux bronches, viscères et / ou aux ganglions lymphatiques du côlon (393, 417). Une étude française menée sur 199 poulains autopsiés a révélé que 62 % des animaux ont présenté des lésions pulmonaires uniquement, 23 % des lésions digestives et pulmonaires, 2,5% strictement digestives et 12 % de lésions musculo-squelettiques (figures 1 et 2) (235).

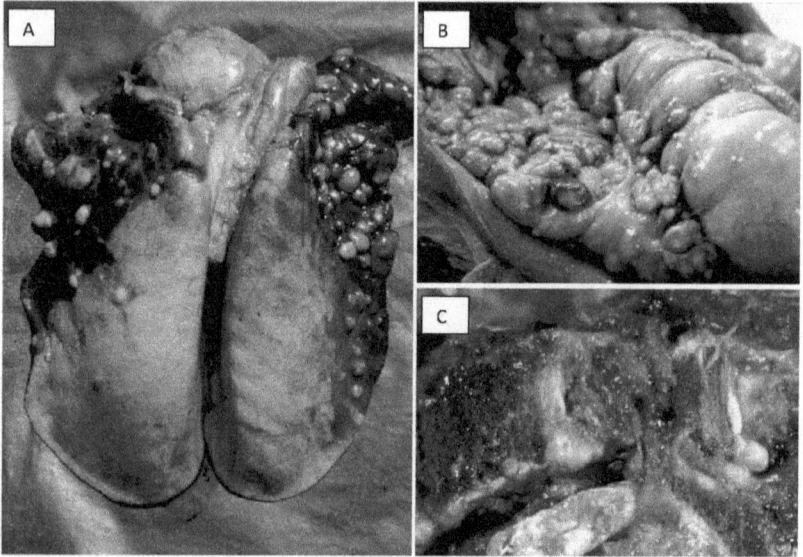

Figure 1. Formes lésionelles de la rhodococcose chez le poulain
A) Lesions pulmonaires, B) Lesions digestives et C) Lesions musculo-squeletttales. Photograpies prises par le Dr C. Laugier, Anses.

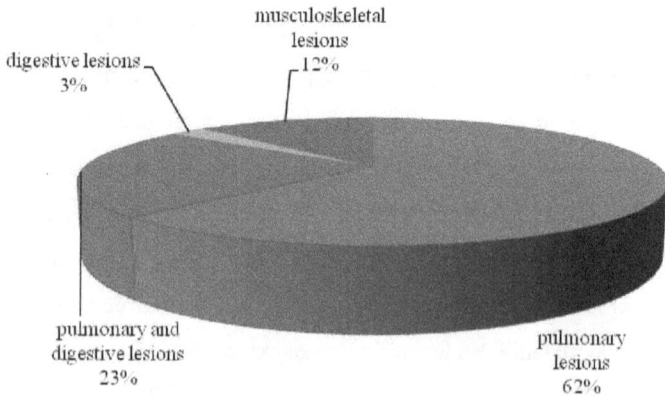

Figure 2. Repartition des formes lésionelles de la rhodococcose de 199 poulains infectés agés de moins de 1 an autopsiés à l'Anses de Dozulé entre 1986-2006.
Adapté de Mauger, C. thèse vétérinaire, 2009 (235)

Il a été suggéré que les lésions intestinales causées par *R. equi* étaient le résultat de la contamination de la muqueuse intestinale après l'ingestion d'exsudats pulmonaires chargés de bactéries (417). De nombreux poulains ne développent pas de signes cliniques de la maladie jusqu'à ce que les lésions n'atteignent un point critique. A l'apparition des signes cliniques, la plupart des poulains sont léthargiques, fébrile, et tachypnéique avec des sons bronchovesiculaires. Les poulains guéris d'infection à *R. equi* participent moins à des courses hippiques à l'age adulte par rapport à la moyenne, soit 54% contre 65%, mais les performances de ces poulains sont comparables à la population de course (9). En effet, aucune différence significative n'a été trouvée dans les échanges de gaz pendant l'exercice intense et dans les gains totaux (10, 36, 117).

Chez l'homme, l'infection est rare chez les patients immunocompétents (93, 176), mais plus de 300 cas ont été signalés chez les sujets immunodéprimés (358, 394). Depuis le premier rapport de cas humain en 1967, les rapports d'infection ont augmentés sensiblement, avec ~ 200 cas au cours des trois dernières décennies (129, 358, 394). L'augmentation des cas semble être corrélée avec la pandémie du VIH ainsi que l'expansion de la transplantation d'organe et des cancers (386, 394). Les infections chez l'homme, en particulier les patients immunodéprimés, semblent être fortement lié à l'environnement de l'agriculture. La contamination est susceptible de se produire par la même route que chez les poulains, par la poussière du sol contaminé. Le taux de mortalité chez les patients immunodéprimés est relativement élevé, de l'ordre de 20-25 % chez les patients non infectés par le VIH et 50-55 % chez les patients infectés par le VIH (78, 152). Ce taux élevé de mortalité peut être attribué à un diagnostic erroné ou tardif de la maladie, puisque le pathogène peut être confondu avec un contaminant diphteroide ou des espèces de *Mycobacterium* .

Beaucoup de médicaments sont efficaces in vitro, cependant, le nombre de médicaments disponibles pour le traitement d'infection par *R. equi* est limitée en raison de la localisation intracellulaire de cette bactérie. En Europe, les vétérinaires sont tenus par la loi d'utiliser uniquement un médicament vétérinaire autorisé pour les espèces et pour l'indication spécifique, mais pour faire face à des situations où il n'y a aucun produit autorisé pour traiter une condition particulière chez un animal, le principe de la " prescription en cascade " est utilisé. La directive de l'UE sur les médicaments vétérinaires, permet alors l'utilisation d'antibiotiques indiqués pour la même espèce, mais pour une indication différente, ou pour une autre espèce animale, ou enfin pour usage humain. Pour cette raison, les vétérinaires européens utilisent la rifampicine, un médicament de première ligne pour le traitement de la tuberculose chez l'homme, en combinaison avec un macrolide tel que l'érythromycine, ou plus récemment l'azithromycine ou la clarithromycine pour traiter l'infection de rhodococcose chez les poulains. Ces antibiotiques sont capables de pénétrer dans les abcès et les cellules en raison d'un caractère lipophile et de se concentrer dans les granulocytes et de macrophages (155). Depuis l'introduction de ces antibiotiques dans le traitement de rhodococcose , le taux de survie des poulains a considérablement augmenté de 20% à 53-97 % (revue dans (66)).

En plus du problème éthique de l'utilisation d'un antituberculeux en médecine vétérinaire, d'autres inconvénients peuvent être mis en évidence. Le traitement dure généralement de 4 à 9 semaines, représentant une importante perte économique (Voir l'annexe 1 pour plus de détails). Les macrolides provoquent des effets secondaires graves et potentiellement mortels chez les poulains tels qu'une diarrhée légère à modérée (couramment observé), et l'hyperthermie. En outre, une attention particulière doit être prise pour éviter toute exposition de la mère puisque une diahrée grave et potentiellement mortelle a été rapporté chez les mères dont les poulains allaités étaient traités avec de l'érythromycine (137). En France, une étude rétrospective réalisée sur 1617 poulains autopsiés entre 1986 et 2006 a montré que dans 60 % des cas de rhodococcose, *R. equi* était le seul responsable des lésions mortelles. Dans les 40% restants, *R. equi* était impliqué avec un autre pathogène dans le cas de lésions pulmonaires, principalement *Streptococcus zooepidemicus* (24,3%) et *Klebsiella pneumoniae* (9,3 %), résultant parfois à l'échec du traitement, en raison de la différence de la sensibilité aux antibiotiques (235). Des co-infections de ces agents pathogènes ont précédemment été décrits dans la littérature (196). Par ailleurs, il est préoccupant de constater que la sensibilité des bactéries à la rifampicine et à l'érythromycine a tendance à diminuer avec le temps. Buckley et al. a mis en évidence un doublement des concentrations minimales inhibitrices (CMI) sur une période de dix ans (1996-2006) (59). De plus, l'émergence de la résistance à ces antibiotiques rhodococci a déjà été signalé chez les humains et les animaux (22, 46, 59, 177). Toutes ces observations suggèrent donc qu'il pourrait y avoir un problème dans le traitement de mono et co-infections à *R. equi* et de nouveaux médicaments à large spectre seraient reconnaissants.

2) *Salmonella enterica*

Les salmonelles sont des bacilles Gram-négatif de la famille des entérobactéries avec une respiration de type anaérobie facultative. La plupart des cas de salmonellose chez les chevaux sont causés par *Salmonella enterica* subsp. *enterica*. Cette sous-espèce comprend plus de 2500 sérotypes qui diffèrent par la spécificité antigénique (49, 256). Il n'y a pas sérotypes adapté pour les chevaux, mais généralement seuls certains d'entre eux sont impliqués en pathologie équine, tels que Typhimurium, Typhimurium var Copenhagen, Infantis, Anatum, Krefeld, Agona et Newport (62, 329).

La bactérie est portée par environ 1-10% des chevaux sains. Aux Etats-Unis, la prévalence nationale de l'excrétion fécale de *Salmonella* spp. par la population équine en bonne santé a été estimée à 0,8% en 2000 (361). En Inde, parmi 646 chevaux en bonne santé, 6,5% excrétaient *Salmonella* spp. (329). Une fois infecté par l'agent pathogène, l'animal devient un hôte à long terme qui peut rejeter la bactérie dans les selles. Les matières fécales infectées d'origine animale ou humaine contaminent l'environnement, où la bactérie a une grande capacité à survivre pendant de longues périodes (semaines à mois) dans le sol et l'eau. La contamination d'un nouvel hôte se produit alors par une voie directe fécale-orale ou un itinéraire indirecte par voie orale (161).

Le stress, les voyages, l'hospitalisation, les changements marqués dans le régime alimentaire, des traitements médicamenteux et la chirurgie, sont des facteurs de risque pour les chevaux de développer la salmonellose. Les épidémies sont souvent associées à l'hôpital à cause de la haute densité d'animaux stressés (105, 300, 380, 382). A ce jour, plusieurs hôpitaux vétérinaires ont fermé temporairement afin d'éviter la propagation d'une épidémie, limiter le risque d'infection zoonotique et diminuer la mortalité chez les chevaux par de nouvelles contaminations (85, 105, 300, 380).

Chez les adultes, *Salmonella* est la cause infectieuse la plus fréquente de diarrhée. Fréquemment, les bactéries se multiplient dans le gros intestin, entraînant une diarrhée aqueuse abondante. Cela peut conduire à une déshydratation, une perte d'appétit, des coliques, et l'avortement. De plus, la reconnaissance des lipopolysaccharides de la membrane externe de la bactérie par le système immunitaire de l'hôte peut en outre provoquer l'endotoxémie menant à de la fièvre, une diminution de la motilité intestinale, la fourbure, la diminution de l'absorption des éléments nutritifs et de fluides. Le cheval se déshydrate fortement en raison de la diminution de la capacité à absorber des fluides et de la perte d'eau dans les fèces. Chez les jeunes poulains, la forme de septicémie est plus fréquente. Les bactéries envahissent le corps, en partant généralement des articulations et des poumons provoquant une septicémie avec de la fièvre. Le résultat est souvent la mort dans les 48 heures sans un traitement approprié (62).

Il existe une controverse concernant l'utilisation d'antibiotiques pour les chevaux adultes atteints de salmonellose intestinale. En effet, les antibiotiques oraux peuvent prolonger le portage de la bactérie par l'organisme, modifier la microflore intestinale et sélectionner des souches résistantes aux antibiotiques. D'autre part, l'équilibre des électrolytes et l'hydratation des patients peuvent être restaurés par un traitement de fluide et le tractus gastro-intestinal peut être protégé par des probiotiques et des agents protecteurs (62). Des antibiotiques à large spectre administrés par voie intraveineuse, sont cependant recommandés pour traiter la septicémie. Le ceftiofur ou une autre céphalosporine de troisième génération est souvent le traitement de premier choix, les alternatives comprennent l'ampicilline, des combinaisons de triméthoprime - sulfamides , les fluoroquinolones (ex : enrofloxacine) ou les aminosides (par exemple, l'amikacine, mais pas la gentamicine en raison de la néphrotoxicité potentielle) (389). Le choix de l'antibiotique doit se faire judicieusement en fonction de la résistance aux antibiotiques de la souche puisque des gènes de résistance aux antibiotiques sont souvent portés par les souches de *S. enterica* (329, 382). En outre, les équidés hospitalisés portent plus souvent des souches résistantes aux antimicrobiens que les chevaux sains, probablement en raison d'une pression de sélection exercée par certains antimicrobiens (86). Des souches résistantes à plusieurs antibiotiques (MDR) exprimant une β-lactamase à spectre étendu (BLSE) ou portant le gène *ampC* (*blaCMY*) qui code pour la résistance aux céphalosporines à spectre étendu (CSE) ont été signalées ponctuellement chez les équidés (106). Ceci indique que ces profils de résistance peuvent être un problème émergent et représenter un risque pour la santé humaine et vétérinaire puisque les options thérapeutiques sont limitées (21, 114, 131, 300).

3) *Staphylococcus aureus*

Staphylococcus aureus, également connu sous le nom de " staphylocoque doré ", est une bactérie anaérobie facultative, Gram-positive et coagulase positive. La colonisation ou l'infection par *S. aureus* ont été rapportées chez une grande variété d'espèces animales, y compris les chevaux. La colonisation semble être transitoire dans la plupart des cas, puisque les chevaux peuvent éliminer l'agent pathogène en quelques semaines si la recolonisation est empêchée (383). Les infections cliniques à *S. aureus* sont principalement sporadiques et se produisent parfois sous forme d'épidémie. L'infection de sites chirurgicaux est prédominante chez les chevaux hospitalisés tandis que les infections des tissus mous articulaires et cutanés / sont les plus courantes dans les cheptels. Dans ces cas, l'infection des plaies par l'agent pathogène implique souvent la formation de biofilms qui nuit à la cicatrisation (388). Les biofilms sont une communauté de microorganismes attachés à une surface ou les uns aux autres et enfermés à l'intérieur d'une matrice tridimensionnelle de substances polymères extracellulaires (238). Une telle organisation bactérienne est liée à une augmentation de la résistance aux antimicrobiens et à la réponse immunitaire de l'hôte (340). La gravité de l'infection est variable, de légère et superficielle à agressive et mortelle. Une grande variété d' autres types d' infections ont été rapportées, y compris la pneumonie, la métrite , la mastite , la sinusite, l'ostéomyélite, la septicémie, ... (28, 83, 240, 324, 381, 388).

Les souches de *S. aureus* peuvent être caractérisées par typage moléculaire par séquençage multilocus (MLST). Cette méthode permet de mesurer directement les variations de séquence d'ADN dans un ensemble de gènes domestiques et les souches sont caractérisées par leurs profils alléliques uniques ou de type de séquence (ST). Les types de séquences associés peuvent être regroupés en complexes clonaux (CC). La majorité des rapports initiaux de *S. aureus* résistant à la méthicilline (SARM) chez les chevaux impliquaient un clone épidémique humain, ST8 (aussi connu comme le SARM-5 ou USA500) (16, 72, 268, 381). Des clones qui appartiennent au même complexe clonal (CC8), à savoir ST254 et Spa de type T064, ont également été identifiées chez les chevaux ce qui suggère que CC8 pourrait être adapté au cheval (83, 142, 247). Plus récemment, un clone associé aux élevages, ST398 (CC398), a été rapporté chez des chevaux en Europe et au Canada (357, 368, 369, 378, 390).

Les premières souches de SARM sont apparues dans les hôpitaux humains dans les années 1960, après l'introduction de la méticilline contre les staphylocoques résistants à la pénicilline. Le SARM est un énorme problème en médecine humaine et figure parmi les plus importantes infections chez les personnes hospitalisées (182). Le premier rapport chez les équidés fut chez des juments présentant une endométrite au Japon entre 1989 et 1991 (19). Depuis lors, les SARM chez les chevaux ont été rapportés partout dans le monde. Le portage nasal chez les chevaux a été étudié dans différentes populations avec un taux de prévalence de 0 à 4,7% dans les élevages (16, 28, 384) et de 2,9 à 12% lors de l'admission à l'hôpital vétérinaire (28, 368, 385).

28

Il n'existe aucune preuve que les infections à SARM ont une présentation clinique différente de celle des souches sensibles à la méthicilline (SASM) même si elles ont tendance à prolonger l'hospitalisation et nécessiter une intervention chirurgicale supplémentaire (14). L'émergence de SARM chez les animaux représente une préoccupation importance pour la santé publique en tant que réservoir potentiel. Les personnes en contact avec les chevaux semblent présenter un risque élevé de colonisation par le SARM avec une prévalence de 10,1% chez les vétérinaires équins aux États-Unis (15) à 14% chez le personnel d'un hôpital vétérinaire au Canada (383). En outre, il est devenu évident que les gens acquièrent des SARM de chevaux infectés en raison de la prédominance des clones liés aux chevaux chez les vétérinaires équins (83, 384). Les SARM sont considérés comme résistants à tous les β-lactamines (pénicilline, carbapénèmes et les familles des céphalosporines) et souvent à de nombreux autres antibiotiques, ce qui les rend difficiles à traiter.

4) Autres bactéries opportunistes

Streptococcus equi subsp. *zooepidemicus* (*S. zooepidemicus*), une bactérie Gram-positif sphérique de la famille des *Streptococcaceae*, *Pseudomonas aeruginosa*, une bactérie Gram-négatif en forme de bacille de la famille des *Pseudomonadaceae*, *Klebsiella pneumoniae* et *Escherichia coli*, bactéries Gram-négatif en forme de bacille de la famille des *Enterobacteriaceae*, sont des bactéries retrouvées dans l'environnement et dans le cadre de la flore normale de nombreux chevaux. Cependant, ces bactéries sont considérées comme les principaux agents pathogènes opportunistes pour le cheval, car ils ont une faible capacité à provoquer des infections primaires, mais des facteurs prédisposants tels que les blessures, les lésions de la cornée, l'altération de la flore normale et la maladie sont généralement associées à une variété d'infections par ces bactéries (186, 313, 388).

Les infections des voies respiratoires supérieures sont un problème récurrent chez les chevaux de course en particulier (310). A l'exception de *Streptococcus equi* subsp *equi*, l'agent causal de la gourme, et *R. equi* chez les poulains, les infections primaires sont souvent dues à un virus. En effet, différents virus comme celui de la grippe équine, de l'herpès équin ou le virus de l'artérite équine peuvent déclencher l'infection secondaire bactérienne au niveau respiratoire en altérant ou détruisant l'épithélium de protection (62, 313). Une infection bactérienne secondaire peut entraîner des lésions des muqueuses (rhinite et trachéite) ou plus sérieusement une pneumonie ou la péripneumonie. *S. zooepidemicus*, un commensal de la muqueuse des voies respiratoires supérieures, est la bactérie pathogène la plus fréquemment retrouvée au niveau pulmonaire. *P. aeruginosa*, *K. pneumoniae* et *E. coli*, peuvent également être impliqués dans ce type d'infections mais sont plus rares (96, 186, 310). Comme mentionné précédemment, *S. zooepidemicus* et *K. pneumoniae* peuvent également être responsables de lésions pulmonaires (pneumonie) associé à *R. equi* chez le poulain. Les symptomes cliniques comprennent l'écoulement muco-purulent nasal, dépression, fièvre persistante et des sons pulmonaires anormaux (309).

Les métrites infectieuses sont préocuppantes pour les éleveurs de chevaux puisque elles sont une cause importante de réduction de la fécondité, un risue d'avortement et de perte économique (245, 354). *E. coli*, *S. zooepidemicus*, *P. aeruginosa* et *K. pneumoniae* sont fréquemment isolés lors d' endométrites chez la jument, mais ceux-ci sont également des commensaux du pénis de l'étalon (245). L'altération de la flore normale, le lavage de l'étalon avec des désinfectants ou de l'eau contaminée avant l'accouplement peut provoquer la croissance de ces espèces opportunistes (13, 313). En outre, *P. aeruginosa* peut être très résistant aux désinfectants courants. Les étalons présentant une flore bactérienne perturbée et qui répandent de telles souches opportunistes ne montrent généralement pas de signes cliniques de l'infection. *P. aeruginosa* est souvent considérée comme une cause d'infection vénérienne, cependant, il existe des preuves limitées de l'endométrite associée à la transmission de la bactérie lors de l'accouplement ou de l'insémination artificielle (13, 40, 178, 313, 354). Il a été spéculé que les juments sont infectées plus probablement par des matières contaminées ou des sources environnementales (178). La pénicilline (contre *S. zooepidemicus*), ticarcilline (large spectre), l'ampicilline, la gentamicine et la kanamycine (contre les bactéries Gram-négatives) sont souvent utilisés dans le traitement de la métrite (62).

L'incidence et la prévalence des plaies traumatiques chez les chevaux est considérée comme élevée (328). Les blessures de chevaux, en particulier sur les membres inférieurs ont un risque élevé d'infection pour des raisons anatomiques spécifiques et en raison de leur environnement (387). L'infection résulte souvent de la flore commensale de la peau agissant comme des pathogènes opportunistes, principalement *S. aureus* (décrit plus haut), *P. aeruginosa* et *E. coli* (388). Un pourcentage élevé de ces blessures deviennent chroniques, et résistent à la guérison en raison d'une population bactérienne persistante au sein de biofilms (388). Des preuves de la présence de biofilm de *P. aeruginosa* au sein de plaies chroniques équine a récemment été rapporté pour la première fois (112) et soutenu par la suite par une étude de Westgate et al (388).

Compte tenu des antibiotiques utilisés en médecine vétérinaire, le traitement des infections à *P. aeruginosa* peut être très difficile. En effet, il est naturellement résistant à de nombreux antibiotiques en raison de la faible perméabilité de la membrane externe, l'action de plusieurs pompes à efflux ou la production d'enzymes capables d'inactiver les antibiotiques et sa capacité à former des biofilms. Seuls quelques antibiotiques utilisés en médecine équine peuvent être efficaces contre les souches de *Pseudomonas*, y compris les fluoroquinolones, les aminosides, les céphalosporines de dernière génération, ticarcilline et imipénème. Parmi les entérobactéries opportunistes du cheval, des souches d'*E. coli* et *K. pneumoniae* BLSE et ESC ont été signalés récemment dans les Pays-Bas en 2007 (375). Ceci est une grande préoccupation pour la médecine équine puisque la multirésistance aux antibiotiques limite considérablement les options thérapeutiques pour la médecine humaine et en raison du risque zoonotique que les chevaux pourraient présenter pour la santé publique. Récemment, il a été proposé que les chevaux étaient a un réservoir possible pour la transmission de *P. aeruginosa* à des patients humains atteints de mucoviscidose (250, 350).

II. Peptides antimicrobiens

1) Généralités

Plus de 1700 peptides antimicrobiens (PAMs) ont été décrits chez une grande variété d'espèces animales et végétales (1). Les PAMs sont des antibiotiques naturels synthétisés de manière ribosomique et considérés comme des facteurs clés du système immunitaire inné (408). Ce type de système immunitaire, également connu sous le nom de système immunitaire non spécifique chez les organismes multicellulaires, est la première ligne de défense composée de cellules et de molécules contre l'invasion de microbes tels que les bactéries, les champignons et les virus avant l'action du système immunitaire adaptatif (118). Les plantes et les insectes n'ont pas de véritable réponse immunitaire adaptative, par conséquent, ces organismes inférieurs dépendent presque exclusivement des stratégies de défense innées tels que PAMs pour leur défense (118). Les PAMs participent à cette première ligne de défense par le biais de divers mécanismes tels que l'action directe sur l'agent pathogène (au niveau membranaire et perturbation du métabolisme) et / ou une action sur les cellules hôtes (propriétés immunomodulatrices). Pour cette dernière, les peptides sont de préférence appelés « peptides de défense de l'hôte " par certains auteurs (118, 228). Les PAMs des eucaryotes partagent généralement des caractéristiques communes dans leurs séquences. En effet, ils ont généralement une charge nette positive de 2 ou plus à un pH neutre en raison de la présence d'arginine et lysine. Ils sont de petite taille, généralement entre 11 et 50 acides aminés de long, et sont amphipathiques, c'est à dire qu'ils possèdent à la fois une face hydrophobe et une face hydrophile (145). En dépit de ces caractéristiques communes, les PAMs montrent une grande diversité structurale. En effet, les PAMs peuvent être classés en quatre groupes principaux en fonction de leur composition en acides aminés et leur structure : les peptides en hélice alpha, les peptides linéaires stabilisés par des ponts dissulfures, des peptides riches en un acide aminé et les peptides dérivés de protéines (50).

II.1.1. Diversité structurale des PAMs cationiques

II.1.1.1. Peptides linéaires en hélice α

Les peptides linéaires en hélice α sont particulièrement abondants et répandus dans la nature. En outre, ce groupe de peptides a été largement étudié en raison de leurs structures relativement simples et leur synthèse chimique facile. Ces peptides sont de petite taille, généralement 12-25 résidus de long, ne contiennent pas de résidus cystéine et contiennent souvent une légère courbure au centre de la molécule ce qui a potentiellement un rôle dans la suppression de l'activité hémolytique (359, 411). La peau des amphibiens est une source très riche de peptides linaires en hélice α. Par exemple, la très étudiée magainine, ainsi que 55 et 91 peptides qui appartiennent aux familles des dermaseptines et des temporines, respectivement ont été découvertes chez ces organismes (1, 220, 260, 409). Un grand nombre de PAMs ont été isolés à partir des insectes ; certains d'entre eux appartiennent à ce groupe de structure tels que la melittine, de venin d'abeille, et les cécropines, initialement décrits chez le papillon cécropia (301). Les cathélicidines, l'une des deux grandes familles de PAMs chez les vertébrés, sont généralement des peptides linéaires de 23 à 27 acides aminés et se replient en hélice α amphipathique au contact de modèles de membrane (125). Les membres de la famille des cathelicidines ont été rapportés dans des espèces de poissons, des serpents et des grenouilles, mais sont surtout présents chez les mammifères (150, 213, 405). Ces peptides sont produits principalement par les neutrophiles circulantset les cellules myéloïdes de la moelle osseuse mais sont également présents dans les cellules épithéliales de la muqueuse et les kératinocytes de la peau (125, 406). Ils sont stockés de manière intracellulaire comme précurseurs avec un domaine conservé, la cathéline, en N-terminal suivi du peptide mature en C - terminal, qui se caractérise par une variété structurelle élevée (407). Seule une cathelicidine a été identifiée à ce jour chez l'homme, ce peptide est synthétisé par différents types de cellules en tant que précurseur (appelé hCAP18) contenant le peptide mature bien connu sous le nom de LL-37 qui est par la suite libéré par clivage protéolytique (133).

II.1.1.2. Peptides stabilisés par des ponts dissulfures

Les PAMs de ce groupe contiennent des résidus cystéine habituellement engagés en un à quatre ponts dissulfures intramoléculaires, et des feuillets β. Les peptides plus gros, cependant, peuvent aussi contenir des segments hélicoïdaux mineurs. La famille des protégrines, retrouvée dans les neutrophiles porcins, est composée de cinq peptides de petite taille, de 16-18 acides aminés de long (185, 414, 415). Bien que les protégrines possèdent un précurseur de type cathelicidin, elles sont classées dans ce groupe car elles se replient pour former un feuillet β anti -parallèle stabilisé par quatre résidus cystéine impliqués dans deux ponts dissulfures intramoléculaires (244). Une autre grande famille de PAMs , en particulier pour les mammifères, est celle des défensines. Les défensines matures présentent une grande variabilité dans leur séquence mais contiennent six résidus cysteine conservés qui forment trois ponts dissulfure intramoléculaires. Sur la base de l'appariement de ces ponts dissulfures et d'homologie de séquence, les défensines sont classées en trois sous-groupes : α -, β - et θ –défensines.

Les α-défensines, sont caractérisées par des ponts dissulfures entre les cystéines 1-5, 2-4 et 3-6 (203). Ces peptides sont principalement produits par les neutrophiles et les cellules intestinales de Paneth comme prépropeptides qui nécessitent un traitement protéolytique pour libérer le peptide actif (24, 54, 121). Chez la souris, les défensines sont stockées sous forme de peptides matures dans les cellules intestinales alors que les défensines humaines sont stockées sous forme de pro-peptide dans les cellules de Paneth et sont clivés par la trypsine après sécrétion dans les cryptes intestinales (276). Sauf exception, les α -défensines ont un pont salin conservé dans leur séquence qui ne contribue pas à leur activité antimicrobienne mais donne une stabilisation structurelle qui empêche la dégradation protéolytique au cours de leur biosynthèse, leur addressage, leur stockage et leur libération (299). Tous ces peptides, mais aussi les β -défensines, contiennent le motif γ qui est composé d'un résidu de glycine, flanqué à son extrémité C -terminale d'un certain nombre de résidus variables (Xaa) et par le quatrième résidu cystéine (403). Le motif γ, probablement impliqué dans le bon repliement du peptide mature, est appelé ainsi car il forme à la lettre grecque

34

(345, 403). Les β -défensines ont des paires de ponts dissulfure différentes de celles des α -défensines : Cys1 - Cys5 , Cys2 - Cys4, Cys3 - Cys6. Ces peptides sont exprimés par de nombreux types cellulaires en particulier les cellules épithéliales (53, 118). Les θ -défensines ou " minidefensins circulaires" n'ont jusqu'ici été identifiées que dans les granulocytes des singes rhésus (349). Jusqu'à ce jour, trois peptides ont été décrits, à savoir RTD- 1 , RTD- 2 et RTD- 3. Ces peptides sont obtenus par deux ARNm différents de défensines α - qui ont acquis un codon stop prématuré entre leurs troisième et quatrième codons cystéine (204). Les produits des gènes sont traduits et fusionnés et leurs extrémités sont épissés ensemble pour donner un peptide complet circulaire de 18 résidus, incluant six cystéines impliquées dans trois liaisons dissulfure intramoléculaires (203).

II.1.1.3. Peptides riches en un acide aminé particulier

Certains peptides antimicrobiens ont une composition inhabituelle d'acides aminés avec un ou plusieurs résidus sur-représentés. Ce groupe comprend, entre autres, la PR-39 porcine et la prophenine, qui sont riches en proline et arginine ou de proline et phénylalanine, respectivement (207, 414). L'indolicidine, un membre de la famille des cathelicidines retrouvé dans les granules des neutrophiles bovins, est quand à elle riche en tryptophane (318).

II.1.1.4. Peptides dérivés de protéines

En plus des PAMs classiques, certains peptides sont dérivés de protéines. A titre d'exemple, la buforine I, trouvée chez le crapaud asiatique *Bufo bufo*, est identique à la région N-terminale de l'H2A qui interagit directement avec les acides nucléiques. En fait, la buforin I est générée par la protéolyse via la pepsine de l'histone dans le cytoplasme des cellules des glandes gastriques. Après sécrétion, le peptide fournit une couche de protection antimicrobienne qui tapisse l'estomac du crapaud (71). D'une manière similaire, le peptide lactoferricine est généré par la digestion de la lactoferrine par la pepsine, une glycoprotéine globulaire présente dans le lait (377).

II.1.2.   Expression

La plupart des animaux produisent une grande variété de PAMs au sein de leurs « tissus de défense » (408). En effet, les PAMs sont synthétisés soit de manière constitutive, soit en réponse à une agression microbienne par les cellules épithéliales des muqueuses, les tissus et les globules blancs circulants (53, 408). Dans de nombreux cas, les PAMs matures sont dérivés de précurseurs plus longs, appelés prépropeptides, qui comprennent à leur extrémité N-terminale une séquence signal permettant le bon trafic intracellulaire et une séquence anionique qui neutralise la charge positive nette et inhibe l'activité antimicrobienne du peptide mature. La libération des PAMs matures est réalisée par un traitement protéolytique par des endopeptidases, soit au niveau l'espace extracellulaire ou à l'intérieur des cellules avant le stockage dans les vésicules (23, 208, 367, 408).

2) Propriétés biologiques

II.2.1.   Activité antibactérienne

II.2.1.1. Attraction

Le mode d'action des PAMs, bien que pas encore totalement élucidé, implique le plus souvent des interactions électrostatiques préliminaires entre peptides chargés positivement et les composés chargés négativement des membranes bactériennes. Comme le montre la Figure 3, les bactéries Gram-négatives portent dans leur membrane externe des lipopolysaccharides et des phospholipides qui sont des tensioactifs anioniques, tandis que les bactéries à Gram-positif comportent dans leur paroi du peptidoglycane, des acides teichoïques et lipotéichoïques également chargés négativement. Dans les deux types de bactéries, les phospholipides de la membrane cytoplasmique tels que la cardiolipine, la phosphatidylsérine et le phosphatidylglycérol portent également des charges négatives susceptibles d'interagir avec les PAMs cationiques (401). Avant d'atteindre les charges négatives de la membrane cytoplasmique, les peptides doivent traverser la membrane externe ou la paroi cellulaire des bactéries. Chez les bactéries à Gram-négatif, il a été proposé que le mécanisme comporte une voie déjà décrite pour les aminoglycosides, la "voie d'auto absorption" (145). Dans cette voie, les peptides déplacent de manière compétitive les cations divalents Ca^{2+} et Mg^{2+} présents aux de liaison des lipopolysaccharides menant à la déstabilisation de la membrane externe. La membrane développe des «fissures» transitoires favorisant l'absorption du peptide (145). En comparaison, les membranes des cellules eucaryotes sont généralement moins sensibles à la toxicité des peptides en raison de la différence significative dans la composition des membranes. En effet, les cellules eucaryotes sont généralement neutres car la surface externe des membranes de mammifères est enrichie en phospholipides zwitterioniques (phosphatidyléthanolamine, phosphatidylcholine, sphingomyéline).

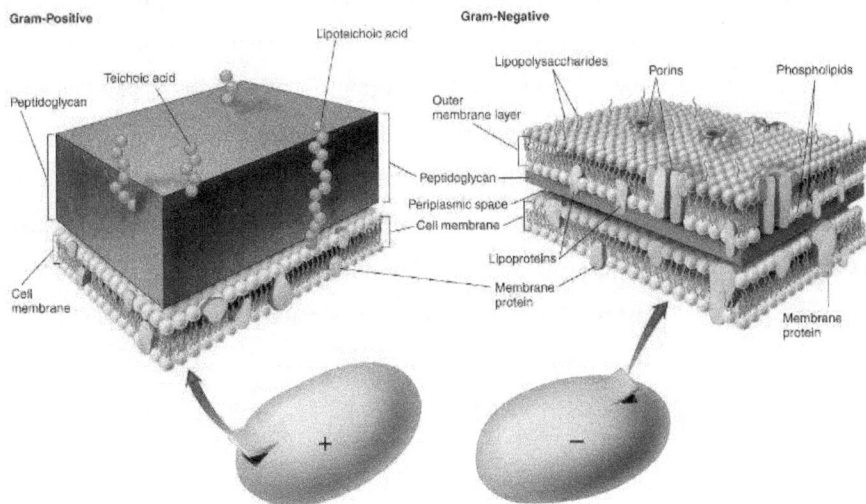

Figure 3. Enveloppe cellulaire des bactéries à Gram-positif et Gram-négatif.
Les bactéries Gram-négatives portent dans leur menbrane externe des lipopolysaccharides et phospholipides qui sont anioniques tandis que les bactéries à Gram-positif comportent dans leur paroi du peptidoglycane, des acides teichoïques et lipotéichoïques également chargés négativement. Dans les deux types de bactéries, les phospholipides de la membrane cytoplasmique tels que la cardiolipine, le phosphatidylglycérol et la phosphatidylsérine portent également des charges négatives susceptibles d'interagir avec les PAMs. McGraw-Hill Companies, Inc © (Reproduit avec permission).

En outre, les stérols tels que le cholestérol ou ergesterol n'ont généralement pas de charge nette et réduisent la fluidité membranaire évitant ainsi l'insertion des PAMs de la membrane (401, 408). Chose intéressante, on a observé que la plupart des peptides en hélice α sont désordonnés dans un environnement aqueux, mais acquièrent rapidement une conformation amphipathique en hélice α hautement structurée lors de l'interaction avec une bicouche phospholipidique (35, 87). De plus, il apparaît que certains peptides nécessitent des charges négatives afin de subir cette transition structurale ce qui est probablement un mécanisme pour exercer une toxicité sélective (194, 231, 232). En comparaison, les peptides en feuillets β sont généralement beaucoup plus ordonnés en solution aqueuse et en contact avec les membranes grace à des liaisons dissulfure ou une cyclisation (401).

II.2.1.2. Modèles d'insertion dans la membrane cytoplasmique

Les mécanismes précis par lesquels les peptides interagissent avec la membrane cytoplasmique bactérienne et conduisent à la mort des cellules n'ont pas été fermement établis et semblent varier en fonction des peptides (401).

Comme le montre la Figure 4, trois grands modèles d'insertion, dirigés par des interactions électrostatiques et hydrophobes, ont été décrits pour expliquer l'interaction du peptide avec la membrane : le modèle « tapis » (carpet), le modèle « pores toroidaux » (toroidal-pore) et le modèle en « douve de tonneaux » (barrel-stave). Ces modèles conduisent à une perturbation membranaire, la formation de voies de passage ou la translocation à travers la membrane pour accéder à des cibles intracellulaires (170).

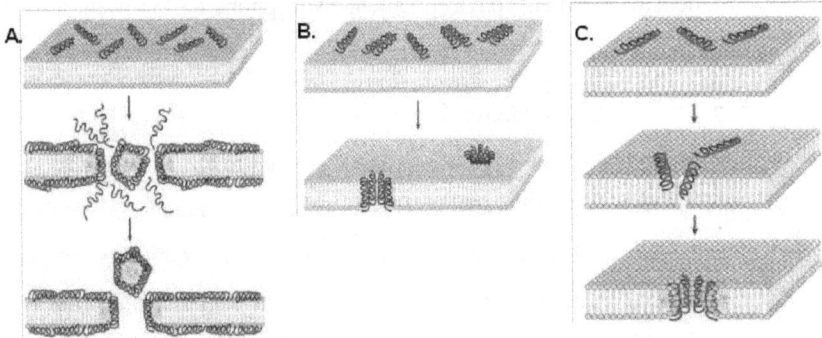

Figure 4. Modèles d'insertion dans la membrane bactérienne pour un peptide en hélice α.
A, modèle "tapis". Quand une concentration critique de peptide est atteinte à la surface de la membrane, la membrane est soumise à une contrainte de courbure importante conduisant à la perte de l'intégrité et la dissolution en micelles. B, modèle "douve de tonneaux". Les peptides se lient à la surface de la membrane en tant que monomères ou multimères et s'insèrent dans la bicouche pour former un pore. Dans ce modèle, les surfaces hydrophobes des peptides interagissent avec les chaînes acyle des phospholipides de la membrane tandis que leurs surfaces hydrophiles pointent vers l'intérieur formant un pore transmembranaire aqueux.C, modèle « pores torroidaux ». Les peptides sont initialement orientés parallèlement et s'agrègent à la surface de la membrane. Les résidus hydrophobes des peptides liés déplacent les têtes polaires des phospholipides entrainant une flexion de la bicouche sur elle-même suivie de la liaison des deux feuillets. La courbure positive de la membrane, résultant de l'accumulation dde PAMs à la surface, facilite la formation de pores toroïdaux entre les peptides et les têtes lipidiques. Adapté de Brogden *et al.*, 2005 (50)

II.2.1.2.1. Modèle "tapis"

Ce mécanisme a initialement été proposé par Steiner et al. pour expliquer le mode d'action de la cécropine A (338). Dans ce modèle, les PAMs se lient principalement par des interactions électrostatiques et s'accumulent à la surface de la membrane faisant face à la surface hydrophile des phospholipides (321). Quand une concentration critique de peptide est atteinte à la surface de la membrane, la membrane est soumise à une contrainte de courbure importante conduisant à la perte de l'intégrité et la dissolution en micelles (Figure 4). Il a été suggéré que des trous transitoires dans la membrane puissent se former, cependant, les peptides ne s'insérent pas nécessairement dans le coeurde la membrane hydrophobe (321). Par exemple, des études sur le mode d'action de la cécropine P1 par spectrométrie infrarouge FTIR ont révélé que le peptide s'oriente d'abord parallèlement à la membrane et ne pénètre pas dans l'environnement hydrophobe déstabilisant ainsi la membrane (331).

II.2.1.2.2. Modèle "douve de tonneau"

L'étape initiale implique la liaison de monomères ou multimères de peptides à la surface de la membrane suivie de l'insertion dans la bicouche lorsque les peptides liés atteignent une concentration critique. Dans le cas des peptides hydrophobes, les pores sont formés par un recrutement progressif de monomères ou oligomères additionnels, soit à la surface soit à l'intérieur du coeur hydrophobe de la bicouche. Il est cependant énergétiquement défavorable pour un peptide amphipathique en hélice α de traverser la membrane en tant que monomère, ils doivent donc s'associer à la surface avant de s'insérer dans la membrane (321). Dans ce modèle, les surfaces hydrophobes des peptides interagissent avec les chaînes acyle des phospholipides de la membrane tandis que leurs surfaces hydrophiles pointent vers l'intérieur formant un pore transmembranaire aqueux (99). La formation de pores conduit à une dissipation du gradient électrochimique transmembranaire puis finalement la mort cellulaire par osmolyse (Figure 4) (314). Sur la base de ce modèle, les peptides qui agissent par l'intermédiaire de ce mécanisme doivent répondre aux critères suivants : i) la longueur du peptide doit être suffisamment grande pour traverser le noyau hydrophobe de la bicouche (314) ii) leur interaction avec la membrane est dirigée principalement par des interactions hydrophobes et iii) dans le cas de peptides en hélice α, la charge nette au cœur du peptide devrait être proche de la neutralité ou être composées d'acides aminés hydrophobes dans le but d'interagir avec le noyau hydrophobe des phospholipides. La conséquence de ces critères est que les peptides se lient à la membrane phospholipidique indépendamment de la charge de la membrane et par conséquent pourraient être toxiques pour les bactéries et les cellules de mammifère (321). Le peptide le plus connu pour ce modèle est l'alaméthicine, un peptide en hélice α de 20 résidus isolésdu champignon *Trichoderma veridae*. Ce peptide hydrophobe, toxique pour les érythrocytes de mammifères, s'insère dans la bicouche en tant que monomères et s'aggrège pour former un pore en douve de tonneau (302). L'alaméthicine forme des pores aqueux composés de 8-9 monomères avec un diamètre de pores de ~ 18-26 Å et un diamètre extérieur de ~ 40-50 Å en fonction de la composition lipidique et du degré d'hydratation (154).

II.2.1.2.3. Modèle de pores torroidaux

Les peptides sont initialement orientés parallèlement et s'agrégent à la surface de la membrane. Les résidus hydrophobes des peptides liés déplacent les groupes polaires des phospholipides entrainant une flexion de la double couche sur elle-même suivie de la liaison des deux feuillets lipidiques. La courbure positive de la membrane, résultant de l'accumulation de PAMs sur la surface, facilite la formation de pores toroïdaux entre les peptides et les têtes lipidiquess (151) (Figure 4). Le modèle a été proposé pour la première fois pour les magainines, pour lesquelles un pore a été estimé être composé de 4-7 peptides et 90 phospholipides avec une taille de ~ 30 à 50 Å (214, 234). Les pores toroïdaux sont considérés comme transitoires puisque la durée de vie a été évaluée de l'ordre de la microseconde à la milliseconde (c'est à dire 40 ms pour la magainine et 200 ms pour les dermaseptines) (97, 233). La stabilité des pores peut être affectée par la charge des peptides grâce à la répulsion intermoléculaire entre les charges positives des chaînes latérales, plus les peptides sont chargés positivement, plus la demi-vie des pores formés est courte (401). Lors de la désintégration des pores, il a été proposé que des peptides impliqués dans la formation des pores peuvent transloquer dans le cytoplasme et accèder à des cibles intracellulaires potentielles (365).

II.2.1.3. Cibles intracellulaires

Bien qu'il soit admis que la plupart des PAMs tuent les bactéries à haute concentration par rupture de la membrane, il est de plus en plus évident qu'ils agissent plutôt sur plusieurs cibles, ciblant également des molécules intracellulaires (296). En effet, certains des PAMs cationiques peuvent se lier à des molécules anioniques au sein du cytoplasme tel que les acides nucléiques ou des enzymes, interférant ainsi avec les processus biologiques (170). Le mode d'action précis est fortement dépendant du peptide en lui-même et de sa concentration.

La bufforine II, un peptide linéaire amphiphile en hélice α dérivé d'un PAM naturel et isolé à partir du crapaud asiatique, transloque dans les cellules bactériennes par formation de pores toroïdaux instables et provoque la mort rapide des cellules sans lyse membranaire (183, 280). La pénétration du peptide marqué au FITC dans les cellules d'*Escherichia coli* a montré que ce peptide interagit plutôt avec des cibles cytoplasmiques que membranaires. Des expériences de gel - retard indique que la mort cellulaire peut être le résultat d'une liaison de la bufforine II à l'ADN et à l'ARN (280). De façon similaire, la tachyplésine I, un peptide en feuillet β isolé du limule japonais qui contient deux ponts dissulfures, intéragit également avec l'ADN. En effet, des expériences ont montré l'interaction de ce peptide avec le petit sillon de l'ADN double brin (402). Le site majeur de liaison de la défensine humaine HNP- 1 conduisant à la mort de *Mycobacterium tuberculosis* est la membrane plasmatique et la paroi cellulaire. Cependant, Sharma et al . révèle que ce peptide a une seconde cible, l'ADN génomique (322) . L'indolicine, isolée à partir de neutrophiles bovins, induit la filamentation des cellules de *E. coli*, un indice d' inhibition de la synthèse d'ADN (344). Plus tard, on a montré que ce peptide pouvait se lier à l'ADN et probablement également à une protéine impliquée dans la synthèse de l'ADN, ce qui était en accord avec les résultats antérieurs (162).

Boman et al. ont étudié les mécanismes d'action de deux PAMs porcins, lacecropine P1 et PR-39 sur les cellules de *E. coli*. Le premier a été montré comme induisant la mort par lyse des cellules tandis que le second a été trouvé à agir en arrêtant la synthèse des protéines et de la dégradation des protéines nécessaires à la réplication de l'ADN (41). La pyrrhocoricine et la drosocine, des peptides antimicrobiens riches en proline, se lient à la protéine DnaK de *E. coli*, mais pas celle de *S. aureus*. Les auteurs ont émis l'hypothèse que ces peptides inhibent le folding de la protéine conduisant à la mort cellulaire (188).

D'autres peptides touchant la synthèse des macromolécules ont été décrits, y compris l'hybride pleurocidine, P-der. A la concentration minimale inhibitrice (CMI), le peptide inhibe l'ARN, l'ADN et la synthèse des protéines tel que démontré par l'incorporation de [3H] thymidine [3H] uridine et de [3H] histidine. À 10 fois la CMI,

P-der provoque une dépolarisation rapide de la membrane cytoplasmique, la cessation de la synthèse macromoléculaire et la mort cellulaire (284).

II.2.2. Activité antivirale

En comparaison à l'activité antibactérienne, l'activité des PAMs contre les virus eucaryotes est peu étudiée. Des études ont été menées principalement sur deux virus humains enveloppés : le virus de l'immunodéficience humaine (VIH) et le virus de l'herpès simplex (HSV). Les études pertinentes sur ces deux principaux virus sont examinées ici ainsi que les études qui ont été menées sur des virus non enveloppés.

II.2.2.1. Virus de l'immunodéficience humaine

Les activités de différents PAMs ont été étudiées contre le virus enveloppé du VIH-1, la souche la plus courante et pathogène du virus de l'immunodéficience humaine. Fait intéressant, différents modes d'action ont été mis en évidence comme une action directe contre le virion, le blocage de l'entrée virale ou de la diffusion cellulaire, l'inhibition de la réplication virale et l'interaction avec des cibles intracellulaires..

L'Indolicidine, dérivée des neutrophiles bovins, a une activité anti-VIH directe sensible à la température, ce qui suggère un mécanisme antiviral médié par la membrane (304). De même, un analogue non-cytotoxique de la dermaseptine S4 de la grenouille cible le VIH-1avant son entrée dans la cellule hôte perturbant son organisation et entrainant la rupture de la membrane virale conduisant à sa dissociation (212). Trois peptides dérivés d'amphibiens (caerin 1,1, caerin 1,9 et maculatin 1,1) perturbent également l'enveloppe virale, de plus ils empêchent la fusion virale avec des cellules cibles et inhibent le transfert du VIH par des cellules dendritiques (CD) de vers des cellules T CD4 +. On considère que les CD capturent les virions du VIH au niveau de la surfacesds muqueuses et les transfèrent aux cellules T (123). Les auteurs suggèrent que ces peptides peuvent accéder et détruire les VIH séquestrés par les CD plus probablement par rupture de la membrane (371).

La tachyplésine a montré une inhibition de l'adsorption du VIH aux cellules cibles et la suppréssion de la formation induit par le VIH de cellules géantes, qui jouent un rôle essentiel pour l'infection du VIH dans une co-culture de cellules MOLT - 4 et de cellules infectées par le VIH (MOLT-4/HIV) (252).

La microscopie confocale et la cytométrie en flux a révélé que les deux β-défensines-2 et -3 humaines bloquent la replication du VIH-1 par l'intermédiaire d' une interaction directe avec des virions et par une modulation néagtive du corécepteur CXR4, qui est utilisé par le virus pour infecter des cellules cibles, chez les cellules mononucléées du sang périphérique et des cellules lymphatiques T (108, 298).

La mélittine, un peptide en hélice α trouvé dans le venin d'abeille, et la cécropine A, un peptide linéaire isolé du papillon *cecropia*, se sont révélés être capables d'inhiber sélectivement la production associée à la cellule de virions en supprimant l'expression génique de VIH – 1 (376). Chang et al. ont démontré plus tard que l'α-défensine -1 humaine peut agir par interaction directe avec le VIH -1 en l'absence de sérum. Inversement, en présence de sérum le peptide inhibe la réplication du virus en interférant avec la signalisation de la protéine kinase C de l'hôte (68). La moelle osseuse humaine exprime l'ARNm qui est homologue aux précurseurs des minidefensins circulaires de singe rhésus décrites plus haut. Une différence majeure avec son analogue du singe rhésus, un codon d'arrêt dans sa séquence signal, évite la traduction du peptide. La séquence de ce peptide a été modifiée sur la base de ces analogues et synthétisé chimiquement. Cole et al. , a montré que ce peptide « humanisé », appelé retrocyclin, inhibe la formation de l'ADN proviral de façon spectaculaire et protége des lymphocytes CD4 + humains infectés par le VIH -1 primaires et immortalisés (76).

II.2.2.2. Virus de l'herpès simplex

Les virus de l'herpès humain, le virus de l'herpès simplex 1 et 2 (HSV-1 et HSV-2) sont une cause fréquente de lésions herpétiques faciales et génitales, respectivement (103, 243). Comme beaucoup d'autres virus, comme le VIH, la première étape de l'infection virale est la fixation à la cellule hôte. Dans le cas de HSV, cette étape implique des glycosaminoglycanes sur la surface de la cellule, en particulier le sulfate d'héparane (SH), et des glycoprotéines de l'enveloppe virale (169). Il a été démontré que les cellules recombinantes dépourvues de SH présentaient une réduction de 80% de la sensibilité à l'infection par le HSV (226). Compte tenu de son importance dans l'infection virale des cellules hôte et de sa nature anionique, l'hypothèse a été émise que les PAMs cationiques, en se liant à SH, pourraient réduire ou supprimer l'infection virale (169).

Les lactoferrines humaines et bovines sont de puissants inhibiteurs de l'infection par le HSV- 1, et sont connus pour avoir une forte affinité pour le SH. Marchetti et al., emis l'hypothèse que l'action antivirale de ces peptides a lieu dans les étapes d'adsorption et d'entrée de virions dans les cellules par liaison du peptide au récepteur du virus (225). En accord avec ces conclusions antérieures, les lactoferricines bovines et humaines, qui sont des peptides plus courts provenant de la lactoferrine, inhibe l'infection de HSV et lient SH avec une haute affinité. Toutefois, des études de relation structure-activité ont révélé que la charge nette positive du peptide, bien que très importante, n'est pas uniquement impliquée dans l'activité antivirale et les paramètres structurels semblent être également des facteurs importants (169). D'autres PAMs inhibent putativement l'entrée de HSV-1 dans la cellule hôte en bloquant SH à la surface des cellules telles que des peptides synthétiques en hélice α hautement cationiques, confirmant ainsi que l'activité de HSV-1 est fortement liée à la charge nette. En comparaison, la présente étude a révélé que la structure du peptide est plus importante pour l'activité anti HSV- 2 (168). La α -défensine NP- 1 de lapin empêche la propagation cellule à cellule, les événements de fusion et l'entrée plutôt que de la liaison du virus à la cellule hôte. NP- 1 ne rivalise pas avec les glycoprotéines virales pour la liaison à SH des cellules hôtes (330). La retrocycline 2 bloque la fixation du virus en se liant avec une affinité extrêmement élevée à la glycoprotéine virale de surface gB2 de HSV-2 ce qui empêche la liaison avec les récepteurs du SH (398) .

II.2.2.3. Virus non-enveloppés

D'autres mécanismes d'action antivirale ont été décrits pour les virus non enveloppés. Comme exemple, les α-défensines humaines 1-3 et l' α-défensine humaine 5 ont une puissante activité contre le virus du papillome humain (VPH). Ils n'interfèrent pas dans la liaison du virion ou l'internalisation mais inhibent l'évasion du virion de vésicules d'endocytose et du trafic vers le noyau. En revanche, les β-défensines humaines 1 et 2 présentent peu ou pas d'activité anti-VPH (58). HD5 est également efficace contre l'adénovirus humain (AdV). Nguyen et al. propose que le peptide se lie à la capside du virus et neutralise l'infection en empêchant la libération de la protéine VI, qui a une activité lytique de membrane, empêchant ainsi la décapsidation pendant l'entrée de la cellule (259).

II.2.3.   Activité anti-parasitaire

De nombreux peptides antimicrobiens naturels et dérivés sont connus à ce jour pour leur activité antibactérienne, mais relativement peu sont testés contre des parasites protozoaires qui sont pourtant une cause majeure de morbidité et de mortalité dans de grandes régions du monde. Des études préliminaires, à la fin des années 1980, ont décrit l'activité de peptides naturels (magainine 2, PGLa et XPF) issus de la peau de la grenouille africaine *Xenopus laevis* sur le protozoaire *Paramecium caudatum*, *Tetrahymena pyriformis* et *Acanthamoeba Castellani* (336, 409). Depuis lors, la recherche s'est concentrée principalement sur les principaux parasites protozoaires humains, *Leishmania* spp., *Trypanosoma cruzi* et *Plasmodium falciparum*, responsables de la leishmaniose, maladie de Chagas et du paludisme, respectivement.

II.2.3.1. Activité anti-leishmania

Leishmania possède un cycle de vie digénétique constitué de stades morphologiquement distincts : les promastigotes et amastigotes. Les promastigotes, trouvés sous forme extracellulaire dans l'insecte vecteur, sont inoculés dans le derme d'hôtes mammifères pendant les repas de sang des insectes. Les macrophages de l'hôte intériorisent le parasite où il se différencie en stade amastigote intracellulaire obligatoire et initie l'apparition de symptômes chez l'hôte (149).

L'effet de la dermaseptine (DS), un peptide en hélice α linéaire produit par la peau de grenouille *Phyllomedusa sauvagii*, a été étudié *in vitro* sur des promastigotes de

46

Leishmania mexicana. Dans les 5 min d'incubation en présence de DS, les parasites flagellés ont perdu leur motilité. Le peptide amphipathique génère des perturbations de la bicouche lipidique conduisant à la perméabilisation de la membrane modifiée en surface et à la mort du parasite (157). D'autres membres du groupe des dermaseptines ont été isolés de la grenouille verte *P. hypochondrialis*, les peptides DShypo, et testés contre les promastigotes *L. amazonensis*. DShypo -01 a montré une activité leishmanicide puisque la population de cellules de protozoaires a été réduite à un niveau non détectable pour des concentrations proches de 64 µg /ml au bout de quelques heures d'incubation (47). Comme démontré par Hernandez et al. Pour la dermaseptine, des cécropines isolées à partir de divers insectes ont montré une puissante activité lytique sur des promastigotes du parasite tués par modification de la perméabilité de la membrane plasmatique (11).

Les formes promastigotes de *L. braziliensis* sont tuées *in vitro* par 12,5 µM de tachyplésine (209). Les temporins A et B de la grenouille verte *Rana temporaria*, sont actifs à la fois sur les promastigotes et amastigotes par la perméabilisation de la membrane plasmique à des concentrations micromolaires (224). Le peptide contenu dans la salive humaine, l'histatine 5 présente une activité contre les deux stades du cycle de vie de *Leishmania* également à des concentrations micromolaires. L'étude du mécanisme létal a révélé que le peptide cause des dommages limités et temporaires sur la membrane plasmique et une translocation vers le cytoplasme avec une accumulation dans la mitochondrie pour produire un effondrement bioénergétique par inhibition de la F1F0-ATPase (215).

Leishmania a une métalloprotéase de surface, la leishmanolysine GP63, qui protège contre mort par apoptose induite par le peptide antimicrobienne (192). L'isomère D de la cathélicidine bovine D- BMAP- 28 est résistante à la GP63 et a eu une activité antiparasitaire puissante contre les promastigotes et amastigotes de *L. major*. La microscopie électronique a montré une perturbation importante de l'intégrité de la membrane, semblable à la précédente observation pour l'histatine 5 (215), et résultant en l'instabilité osmotique, gonflement vacuolaire, la perte du contenu du cytosol et la mort cellulaire éventuelle (216). L'activité anti-*Leishmania* de la bombinine H4 isolée à partir de sécrétions de la peau de la grenouille *Bombina variegata* a été signalée. La bombinine H4 est un peptide naturel avec une seule isomérisation Lacide aminé L- à D- en position 2, ce qui améliore sa stabilité biologique. Le peptide affecte la viabilité des promastigotes et amastigotes de *Leishmania* par permeabilisation et lyse de la membrane plasmique (223).

II.2.3.2. Activité anti-trypanosome

Le parasite protozoaire, *Trypanosoma cruzi* a un cycle de vie complexe qui comprend des stades infectieux et non-infectieux chez des hôtes distincts. À l'intérieur de l'hôte mammifère, les trypomastigotes circulent dans le sang et envahissent les cellules à proximité du site d'inoculation, dans lesquelles ils se multiplient de manière intracellulaire comme amastigotes (363). Les amastigotes se différencient en trypomastigotes puis sont libérés dans la circulation sanguine. L'hôte agit comme réservoir car les trypanomastigotes infectent les cellules à partir d'une variété de tissus et se transforment en amastigotes intracellulaires dans de nouveaux sites d'infection. Les insectes vecteurs sont infectés en se nourrissant de sang contaminé. Les trypomastigotes ingérés se transforment en épimastigotes dans l'intestin du vecteur et se différencient en trypomastigotes métacycliques infectieux dans l'intestin postérieur. Un nouvel hôte est contaminé par la libération de trypanomastigotes dans les excréments de l'insecte vecteur infecté près du site de la morsure (65).

Jaynes et al., (1988) ont montré que des dérivés synthétiques de la cécropine B ont un effet cytotoxique sur les trypomastigotes dans un milieu nutritif et sont en mesure de réduire le niveau de l'infection à *T. cruzi* dans la lignée cellulaire Vero (167). L' α -défensine-1 humaine provoque la formation de pores dans les membranes cellulaires et flagellaires des trypomastigotes, la désorganisation et un bourgeonnement de la membrane ainsi que la vacuolisation cytoplasmique. Le peptide pénètre à l'intérieur du parasite par l'intermédiaire des pores dans la membrane et provoque la fragmentation de l'ADN nucléaire et mitochondriale conduisant à la destruction du trypanosome (218).

La dermaseptine DS01, retrouvée dans les sécrétions de la peau d'amphibiens brésiliens *Phyllomedusa oreades,* possède une activité anti-protozoaire à une concentration micromolaire contre *T. cruzi* dans ses formes trypomastigotes et épimastigotes cultivées *in vitro* (48). Le dérivé de synthèse de la protéine NK-lysine porcine, NK2, exerce une activité *in vitro* à une concentration micromolaire sur les trypomastigotes de *T. cruzi* par perméabilisation de la membrane plasmique. En outre, le peptide est capable de tuer le parasite intracellulaire, tout en épargnant la cellule hôte (166).

II.2.3.3. Activité anti-malaria

Le cycle de vie du parasite du paludisme implique deux hôtes. Lors d'un repas de sang, un moustique femelle anophèle infecté par la malaria inocule des sporozoïtes dans l'hôte humain. Les sporozoïtes infectent les cellules du foie et se répliquent sous forme mérozoïtes. Les parasites infectent les globules rouges, maturent en trophozoïtes et se différencient en mérozoïtes. Les mérozoïtes sont libérés par rupture des érythrocytes et infectent de nouvelles cellules hôtes. Certains parasites se différencient en stades érythrocytaires sexuels (gamétocytes). L'ingestion d' un repas de sang infecté par des gametocyes conduit à une série de transformations morphologiques dans le moustique, appelé cycle sporogonique, se produisant dans l'intestin moyen (gamétogenèse , fécondation, et la formation de ookinètes et oocystes), la cavité de l'hematoocèle (sporogonie), et les glandes salivaires (stockage des sporozoïtes) (64, 305). Certains peptides sont actifs sur le cyle sporogonique du parasite du paludisme. Les dérivés de magainines et les peptides cécropine B peuvent interrompre le développement normal des oocystes de *Plasmodium* spp. chez les moustiques infectés, conduisant à la non-formation de sporozoïtes dans l'insecte vecteur (140). Un peptide synthétique de cécropine, Shiva - 3, est efficace contre les stades précoces sporogoniques dans l' estomac du moustique (305) et deux défensines d'insectes, de *Aeschna cyanea* et *Phormia terranovae* , ont un fort effet toxique, lorsqu'ils sont injectés chez les moustiques, sur les oocystes et sont hautement toxiques pour les sporozoïtes *in vitro* isolés comme l'indique la rupture de la barrière de perméabilité de la membrane , une modification de la morphologie, et la perte de la motilité (320). Jaynes et al., ont montré que des dérivés synthétiques de la cécropine B étaient capables de diminuer le taux d'infection à *P. falciparum* dans les globules rouges (167). Une chimère synthétique de cécropine et de mélittine (un peptide linéaire présent dans le venin d'abeille), du nom de CA (1-13) -M (1-13), inhibe la croissance des formes sanguines de *P. falciparum in vitro* (42). Plusieurs dérivés de l'AMP hémolytique dermaseptine S4, en particulier les analogues de S4, la K4K20-S4 et K4-S4(1-13)a, inhibe rapidement la croissance des parasites dans une gamme micromolaire avec une concentration inhibitrice 50% (CI50) de 0,2 µM et 6 µM, respectivement. Le peptide est plus actif sur les parasites au stade trophozoïte que'au stade de bague et de manière intéréssante, le peptide est capable de lyser sélectivement les globules rouges infectés (GR) et interagit directement avec le parasite intracellulaire. L'activité lytique sélective sur les GR infectés peut être expliquée par les changements importants et dramatiques dans les propriétés fonctionnelles et structurales des cellules hôtes au cours de la maturation du parasite du paludisme intra-rythrocytaire (191). Les dérivés K4-S4(1-13)a, avec des composés de structure et de taille variables attachés à l'extrémité N -terminale, ont été construits et évalués pour leur potentiel contre le plasmodium intra-érythrocytaire. Les dérivés des acyl-peptides et d'un peptide aminoheptanoylé (NC7 -P) sont plus efficaces et moins hémolytiques que le peptide parent et ont été en mesure de dissiper le potentiel de membrane du parasite et de causer l'épuisement du potassium intraparasite dans des conditions non hémolytiques (84, 98).

Le dérivé synthétique de la protéine NK-lysine porcine, NK2, a également été étudié contre *P. falciparum*. Alors que les cellules des globules rouges non infectés ont été peu affectées, le peptide perméabilise sélectivement les érythrocytes humains infectés par le parasite dans la gamme de concentration micromolaire et réduit la viabilité du parasite intracellulaire. Cette sélectivité a été attribuée à la perte de l'asymétrie de la membrane plasmique et l'exposition concomitante de la phosphatidylsérine de la cellule hôte après l'infection (124). L'activité de la gomesin, un AMP isolé des hémocytes de l'araignée *Acanthoscurria gomesiana*, a été évaluée contre les formes asexuées, sexuées et pré-sporogoniques de *P. falciparum* et les parasites de *P. berghei*. Le peptide inhibe la croissance des formes intra-érythrocytaires de *P. falciparum in vitro*. Si l'on ajoute à la culture de gamétocytes matures de P. *berghei*, la gomesine inhibe considérablement l'exflagellation des gamètes mâles et la formation d'oocinètes. *In vivo*, le peptide réduit le nombre d'oocystes de deux espèces de *Plasmodium* chez les moustiques *Anopheles stephensi* (251).

II.2.4.   Autres activités biologiques

II.2.4.1. Actvité anti-cancer

Certains peptides antimicrobiens se sont révélés être cytotoxique pour les cellules cancéreuses, mais pas pour les cellules de mammifères saines. Cette toxicité sélective peut être due à des différences fondamentales qui existent entre les membranes cellulaires des cellules malignes et des cellules saines. En effet, les membranes des cellules cancereuses présentent généralement une charge nette négative en raison de la surexpression de molécules anioniques, ont une plus grande fluidité et une plus grande surface cellulaire. Ces différences pourraient promouvoir l'attraction et / ou l'absorption des PAMs aux cellules conduisant à la perturbation de la membrane cytoplasmique ou l'apoptose par rupture de la membrane mitochondriale (revue dans (12, 160)). Quelques exemples peuvent être cités. Comme premier exemple, la cécropine B exerce une toxicité sélective contre la leucémie chez les mammifères, le lymphome, le carcinome, et des cellules de cancer de la vessie alors que les cellules normales sont épargnées (67, 69, 249, 346). Ce peptide agit probablement par la rupture de la membrane de la cellule cible, comme l'indique des essais de libération de la LDH et la microscopie électronique à balayage (MEB) de cellules traitées (346). En outre, ce peptide s'est avéré être efficace contre les lignées cancereuses résistantes à plusieurs médicaments et a augmenté le temps de survie de souris porteuses de

51

cellules d'adénocarcinome du côlon murin ascétique (249). Les magainines naturelles et des analogues synthétiques ont également montré une cytotoxicité sélective contre une large gamme de cellules cancéreuses, y compris des lignées de cellules multi-résistantes (26, 202, 270, 334). De tels peptides ont été également efficaces *in vivo* contre les cellules tumorales dans le liquide d'ascite péritonéale, ainsi que dans un modèle de xénogreffe de mélanome malin développé chez la souris (26, 334). Sur la base de résultats expérimentaux, Imura et al., a émis l'hypothèse que le mode de perméabilisation de la membrane par ces peptides était différente pour les cellules de mammifères que pour les cellules bactériennes (165). En effet, les magainines perméabilisent les cellules cancéreuses par un mécanisme de tapis plutôt que la formation de pores toroïdaux comme on l'observe pour les cellules bactériennes (165).

II.2.4.2. Activité anti-fongique

Les membranes cellulaires des champignons ont tendance à partager des propriétés similaires aux membranes eucaryotes zwitterioniques (401). En dépit de ces similitudes, certains peptides, en particulier ceux isolés à partir de plantes se sont révélés avoir une activité antifongique (341). Ces peptides ont généralement une proportion plus élevée d'acides aminés polaires neutres suggérant une relation structure-activité unique (146, 211). Les peptides antifongiques agissent contre *Candida albicans* et d'autres champignons pathogènes à travers divers modes d'action tels que la perturbation de la membrane cellulaire (198, 199, 306), ou en ciblant les mitochondries (156, 175).

II.2.4.3. Propriétés anti-inflammatoires

Les bactéries Gram-négatives ont dans leur membrane externe deslipopolysaccharides (LPS) qui sont des composants essentiels pour la viabilité bactérienne. La libération de LPS stimule les macrophages et induisent la production de cytokines pro-inflammatoires (TNF-α, IL1 et IL6) dans le sang, qui, dans certains cas, aboutit à des cas mortels de choc septique (281). Scott et al., ont montré en 2000 que différents PAMs (défensines, indolicidine et peptides linéaires en hélice α) pouvaient inhiber la liaison du LPS à des récepteurs CD14 des macrophages et donc bloquer l'activation de ces cellules et la production de TNF-α (317). Fait intéressant, divers PAMs ont protégé des animaux contre la septicémie et le choc septique grâce à leur activité de neutralisation du LPS (73, 74, 180, 253, 269, 294).

II.2.4.4. Prolifération, reparation tissulaire et angiogénèse

Les défensines humaines de neutrophiles (HNPs) sont des mitogènes puissants pour les cellules épithéliales squameuses, des lignées cellulaires cancéreuses et des fibroblastes *in vitro*, à de faibles concentrations (5, 254, 262). Fait intéressant, dans une étude pionnière il a été démontré que des HNPs agissaient de manière synergique avec l'insuline pour induire la prolifération (254). L'hypothèse a été émise que la propriété mitogénique des défensines de neutrophiles sur les cellules non myéloïdes est une composante importante du processus de guérison. Des α -défensines à faible concentration induit la prolifération des fibroblastes et des cellules epitheliales des voies aériennes, ce qui suggère la participation de ces peptides dans la guérison et / ou les processus de remodelage des voies aériennes au cours des maladies inflammatoires (6, 254). La β-défensine humaine 2 stimule la migration, la prolifération et la formation de tubes de cellules endotheliales humaines dans des plaies, conduisant à l'accélération de la fermeture des plaies (29). De faibles concentrations de LL-37 augmentent la prolifération d'une lignée de cellules endothéliales (184). Ce peptide favorise également l'angiogenèse, qui semble provenir d'une interaction directe avec les cellules endothéliales vasculaires par le récepteur FPRL-1 (184).

II.2.4.5. Activités chimiotactiques

Les PAMs peuvent induire la chimiotaxie de deux manières: d'une part par interaction directe avec les granulocytes et les récepteurs des cellules mononucléaires et d'autre part par l'induction de la production de chimiokines qui augmente théoriquement le nombre de neutrophiles et monocytes aux sites d'infection.

Par action directe :

Lacathélicidine humaine LL-37 exerce une action chimio-attractive directe sur les monocytes, les neutrophiles et les cellules CD4 + des lymphocytes T , à travers l'interaction avec le formyl peptide receptor-like 1 (FPRL1), un récepteur couplé aux protéines G (RCPG) exprimé dans ces cellules (395). De plus, ce peptide est chimiotactique pour les mastocytes de rat également par l'intermédiaire d'un RCPG inconnu (264). Les α-défensines humaines HNP1 et HNP2 mais pas HNP3 peuvent attirer sélectivement les monocytes vers les sites inflammatoires (351), les cellules T naïves et immatures via un RCPG (396). Les β-défensines humaines hBD1, hBD2 et hBD3 induisent une chimiotaxie des cellules T mémoire et des cellules dendritiques immatures en se liant au récepteur de chimiokine CCR6, un récepteur couplé aux protéines G (397). hBD2 a est également un agent chimiotactique pour les neutrophiles humains traités au TNF- α (265), une réponse également médiée par le CCR6. Chez les mastocytes ce peptide induit la migration et la dégranulation par une voie sensible à la toxine pertussique et dépendante de la phospholipase C, ce qui suggère l'implication d'un autre RCPG (263). La β-défensine souris mBD2 peut agir directement sur les cellules DC immatures via TLR4, induisant la régulation positive de molécules co-stimulatrices et la maturation des DC (38). hBD3 peut induire l'expression de molécules co-stimulatrices CD80, CD86 et CD40 par interaction avec les récepteurs de type Toll sur les monocytes et les cellules dendritiques (116).

Par action indirecte :

Des expériences *in vitro* ont démontré que la LL-37 induit la transcription et la libération de chimiokines telles que l'IL8 et des protéines chimi o-attractive des monocytes 1 et 3 (MCP-1 et la MCP- 3) par une voie dépendante des MAP kinase chez les monocytes humains circulants (44, 404). Par la suite, elle augmente le recrutement de différentes cellules du système immunitaire nécessaire pour éliminer les micro-organismes envahissants (44, 45). En outre, Yu et al. ont démontré que la LL-37 accroît de façon synergique la production de IL1β induite par les cytokines (IL6 , IL10) dans ces cellules (404). La stimulation des monocytes humains primaires et des lignées cellulaires de macrophages par LL-37 a montré une induction d'une large gamme de récepteurs de chimiokines, de chimiokines, et d'autres gènes impliqués dans l'adhésion cellulaire, la motilité et la communication (248). Les α - défensines peuvent également améliorer la chimiotaxie indirectement en induisant la production de chimiokines à partir d'une variété de types cellulaires différents, y compris les cellules epitheliales et les monocytes. Les HNPs, par exemple, induisent l'IL-8 à partir de cellules épithéliales pulmonaires et de lignées cellulaires et induisent la production d'ARNm de IL- 1β et IL- 8 (311, 370).

3) Mécanismes de résistance innés chez les bactéries

Tout au long de la co-évolution des hôtes et des bactéries pathogènes, les bactéries ont développé plusieurs mécanismes pour se protéger contre les effets délétères des peptides antimicrobiens. Ces stratégies comprennent i) la modification de l'enveloppe cellulaire bactérienne en réduisant la charge nette de surface ou la fluidité de la membrane pour limiter l'attraction et l'insertion des PAMs, ii) le pompage de PAMs dans et hors de la cellule, iii) la dégradation protéolytique et iiii) le piégeage externe de PAMs (Figure 5). Il est important de reconnaître qu'aucune de ces stratégies n'est un mécanisme universel de résistance aux PAMs; chaque mécanisme décrit à ce jour ne confère une résistance qu'à certains PAMs.

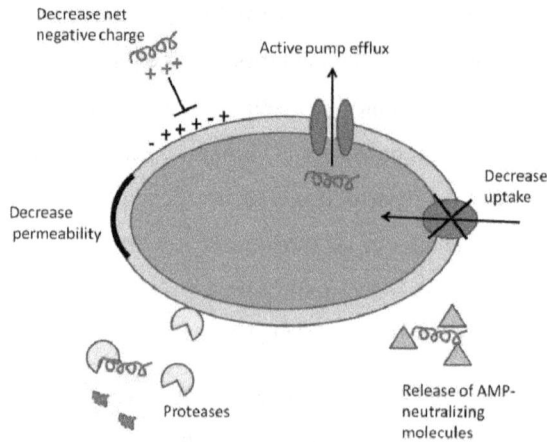

Figure 5. Mécanismes de résistance innés chez les bactéries.
Tout au long de la co-évolution des hôtes et des bactéries pathogènes, ces dernières ont développé plusieurs mécanismes de résistance incluant i) la modification de l'enveloppe cellulaire bactérienne en réduisant la charge nette de surface ou la fluidité de la membrane pour limiter l'attraction et l'insertion des PAMs, ii) le pompage de PAMs dans et hors de la cellule, iii) la dégradation protéolytique et iiii) le piégeage externe de PAMs.

II.3.1. Modification de la surface cellulaire

II.3.1.1. Système ApsXSR / VraFG de Staphylococcus aureus

Le système GraRS à deux composants (Glycopepide resistance associated) aussi connu comme ApsRS (Antimicrobial peptide sensor) a été identifié chez S. aureus, mais des homologues sont présents chez une multitude de bactéries Gram-positives (275). Le système ApsRS nécessite la protéine régulatrice apsX ainsi que le transporteur ABC VraFG pour fonctionner, formant un système à cinq composants suposé être un système de détection de PAMs et de résistance (Figure 6). Il est suggéré qu'un stimulus (PAMs) est détecté soit par la boucle extracellulaire du transporteur ABC Vrag, puis transféré à GraS, qui à son tour active GraR, ou grâce à l'interaction entre les PAMs et avec VraFG et la boucle extracellulaire de graS. Cela conduit à une augmentation de l'expression de l'opéron *dlt* et du gène *mprf* impliqué dans l'augmentation de la charge nette de la membrane bactérienne. En outre, dans ces conditions VraFG contrôle positivement sa propre synthèse à travers ApsSR, conduisant à une boucle de rétroaction positive (107).

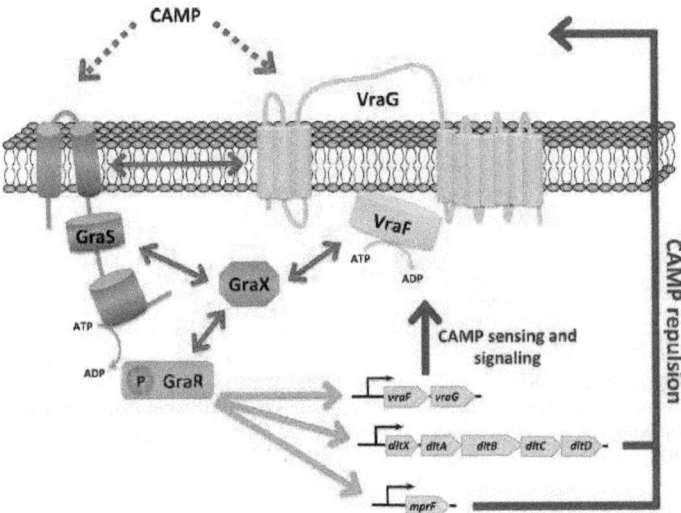

Transduction du signal par le système à cinq composants controllant la détection et la résistance aux PAMs.
Les PAMs sont détectés par VraFG ou interagissent avec les deux Vrag et graS. Le signal est transduit et l'activation du système GraSR entraîne une augmentation de la transcription des gènes *vraFG*, l'opéron *dlt* et du gène *mprf*, conduisant à la résistance aux PAMs. (107)

MprF:

MprF, pour Multiple peptide resistance Factor, est une protéine membranaire qui catalyse la modification du lipide phosphatidiylglycerol chargé négativement par des acides aminés chargés positivement (L-lysine et / ou de la L-alanine) neutralisant de ce fait la surface de la membrane et résultant en la répulsion de PAMs (292). Des homologues de MprF ont été trouvé dans plusieurs génomes bactériens, y compris celui de *Mycobacterium tuberculosis* (222), *P. aeruginosa* (181), *Enterococcus faecalis* (27), *Enterococcus faecium* (308), *Bacillus anthracis* (312), *Bacillus subtilis* (141), *Listeria monocytogenes* (352) et *Rhizobium tropici* (335). La prévalence de MprF sur des millions d'années indique clairement qu'il est resté un important mécanisme de défense contre les PAMs produits par des microorganismes compétiteurs et des animaux (100) (Figure 7).

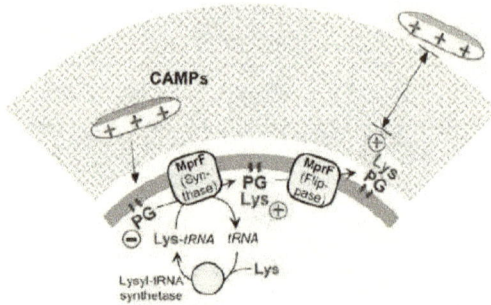

Figure 7. Modèle du mode de résistance médié par MprF chez *S. aureus*.
Le domaine de la synthétase de MprF synthétise Lys-PG à partir de Lys-ARNt et PG. Le domaine flippase transloque Lys-PG de l'intérieur vers l'exterieur du feuillet de la membrane cytoplasmique, où ils peuvent exercer leur rôle en repoussant les PAMs. (101)

MprF est une protéine bifonctionnelle composée de deux domaines distincts (101). Le domaine C-terminal cytoplasmique hydrophile est impliqué dans la synthèse de la lysyl-phosphatidylglycérol (Lys-PG) et / ou alanyl-phospharidylglycerol (Ala-PG) par une voie qui utilise le phosphatidylglycérol (PG) et aminoacyl-ARNt comme substrat. La protéine de *S. aureus* synthétise exclusivement Lys-PG (292), tandis que MprF de *P. aeruginosa* et *Enterococcus faecium* synthétise exclusivement Ala-PG, ou les deux, respectivement (100). Le domaine hydrophobe N-terminal, composé d'un nombre variable de domaines transmembranaires, est impliqué dans la translocation de l'aminoacyl-PG du feuillet interne vers le feuillet externe de la membrane cytoplasmique, où ils peuvent exercer leur rôle en repoussant les PAMs (101).

DltABCD:

Les produits des gènes de l'opéron *dltABCD* ont été caractérisés dans de nombreuses bactéries gram-positives, y compris *S. aureus* (190, 236). Ils sont connus pour être impliqués dans la D-alanylation des acides téchoïques et lipotéichoïques. Dcl (*dltA*) est une D-alanine-D-alanyl ligase cytoplasmique qui active la D-alanine par hydrolyse de l'ATP et la transfère au groupe prosthétique de la 4' phosphopantéthéine présent sur la D-alanyl ligase Dcp (*dltC*). Le produit du gène de *dltB* est un canal transmembranaire supposé être impliqué dans l'efflux de la D-alanyl Dcp activée dans l'espace extracellulaire. La protéine codée par *dltD* est supposée être une chaperonne qui aurait des activités multifonctionnelles (hydrolyse de mischarged Dcp mal chargée, facilite la ligature de la D-alanine à Dcp et la D-alaninylation des acides teichoiques) (91, 290, 293). De la même manière que l'action de la protéine MprF, la charge nette de la membrane bactérienne est augmentée repoussant les PAMs.

II.3.1.2. Remodelage de la membrane externe par PhoQ/PhoP

Chez les entérobactéries, le système de transduction du signal à deux composants PhoP / PhoQ contrôle habituellement la résistance aux PAMs. PhoQ, situé dans la membrane cytoplasmique en tant que dimère, est une histidine kinase capteur qui contient une un site d'autophosphorylation et de liaison de l'ATP. Lors d'une stimulation (faible concentration de cations bivalents, faible pH, ou la présence de PAMs), phoQ autophophorylate en trans au sein du dimère et le phosphate est transféré vers le régulateur de réponse PhoP (275). La détection des PAMs semble se produire par une interaction directe du peptide avec une région anionique du domaine périplasmique PhoQ (25). Plus de 40 gènes cibles sont connus pour être régulés par le régulateur PhoP activé incluant PmrAB et des gènes impliqués dans la modification du LPS et du lipide A (102, 241).

Système à deux composants PmrAB :

Chez *S. Typhimurium*, PhoQ / PhoP contrôle la signalisation PmrCAB en favorisant l'expression de la protéine PmrD qui se lie à PmrA phosphorylé et empêche la déphosphorylation, résultant en une activation soutenue des gènes régulés par PmrA (37). PmrC (ou *lptA* chez *Neisseria meningitidis*) (82) est une phosphoethanolamine (pEtN) transférase alors que PmrA et pmrB régule les loci *pmrE* et *pmrF*. Le premier locus code pour une UDP-glucose déshydrogénase qui catalyse la formation d'un précurseur aminoarabinose, ce dernier est un opéron (*pmrHFIJKLM*) qui code pour des enzymes impliquées dans la biosynthèse de l'aminoarabinose, tels que les glycosyltransférases. Ces enzymes médient l'addition d'aminoarabinose et éthanolamine au lipide A ce qui conduit à ladiminution de la liaison de PAMs à la surface des bactéries (135).

PagP:

PagP est une palmitoyltransférase située dans la membrane externe de *S. enterica*. Des homologues sont présents dans le génome de diverses bactéries gram-négatives telles que *E. coli* (précédemment appelé CrcA), *Yersinia pestis, Bordetella pertussis* (39) ou *Legionella pneumophila* (rcp) (303). PagP augmente l'acylation du lipide A par le transfert de palmitate à partir de phospholipides présents dans le feuillet interne de la membrane externe au lipide A. L'augmentation de l'acylation du lipide A est semble modifier la fluidité de la membrane externe en augmentant les interactions hydrophobes entre le nombre accru de queue acylées du lipide A menant à l'abolition ou le retardement de l'insertion de PAMs dans la membrane (136).

II.3.2.   Pompage des PAMs dans et en dehors de la cellule

Dans quelques cas, les systèmes d'influx / efflux peuvent également contribuer à la résistance intrinsèque de certains agents pathogènes à l'action de PAMs cationiques. *Neisseria gonorrhoeae* possède une pome à éfflux energie-dépendante MtrCDE (pour Multiple transferrable resistance) qui confère une résistance accrue à différents composés dont certains PAMs (319). La pompe à efflux est codée par les gènes *mtrCDE* régulés par facteurs de transcription MtrR et MtrA, répresseur et activateur, respectivement (237, 307). Les gènes *sapABCDF* , *sapJ* et *sapG* (pour Sensitive to antimicrobial peptides) ont été identifiés chez *Salmonella enterica* sérotype Typhimurium comme nécessaire pour la résistance à certains PAMs. SapG partage une homologie avec la protéine de fixation de potassium, TrkA, connue pour être nécessaire pour la résistance aux PAMs chez *Vibrio vulnificus* (70) et d'autres protéines de *E. coli* impliquées dans le transport de potassium, tandis que SapD et SapF présentent une homologie avec des protéines de la famille des transporteurs ABC (282, 283). Il est suggéré que les PAMs se lient directement à SapA et sont ensuite transportés par le système Sapdans le cytoplasme (282). Les gènes *sap* ont été rapportés dans un certain nombre d'autres bactéries Gram-négatives, mais il semble que le système ne confère pas de résistance aux PAMs chez l'ensemble

de ces espèces bactériennes (132). Fait intéressant, Shelton , et al ., a reporté récemment chez *Haemophilus*, la preuve directe de l'import de PAMs dans le cytoplasme bactérien par Sap suivie d'une dégradation protéolytique (323).

L'opéron *yejABEF* est composé de quatre gènes : *yejA*, qui code pour un récepteur putatif périplasmique, *yejB* et *yejE*, qui codent pour deux perméases transmembranaires putatives et *yejF* qui code pour une ATPase putative. On pense que l'opéron code pour un système de transporteur de type ABC qui importe des peptides puisque des expériences de délétion chez *S. typhimurium* et *E. coli* conduit à une sensibilité accrue à plusieurs PAMs (104, 267). Cet opéron semble être bien conservé parmi le royaume bactérien puisque une analyse phylogénétique a révélé l'équivalent de cet opéron chez 126 espèces bactériennes Gram-positives et Gram-négatives (267).

II.3.3. Inactivation and cleavage by production of binding proteins and proteases

Les bactéries peuvent inactiver les PAMs en produisant des molécules extracellulaires qui se lient auxs peptides et les piègent pour empêcher leur action antimicrobienne telle que la staphylokinase produite par *S. aureus* (173) ou l'inhibiteur streptococcique du complément (SIC) produit par *Streptococcus pyogenes* (113). En outre, de nombreuses protéases bactériennes, localisées soit dans l'enveloppe cellulaire ou dans l'environnement externe, ont sont impliquées dans le clivage et l'inactivation des PAMs. Une liste non exhaustive des protéases bactériennes impliquées dans la résistance aux PAMs est présentée dans le Tableau 1.

Protéases	Espèces bactériennes	Références
Pla (Omptin)	*Yersinia pestis*	(119)
PgtE (Omptin)	*Salmonella enterica*	(134)
OmpT, OmpP (Omptin)	*Escherichia coli*	(343, 353)
CroP (Omptin)	*Citrobacter rodentum*	(197)
Gingipains (rgpA/B)	*Porphyromonas gingivalis*	(94, 139, 221)
ZmpA and ZmpB	*Burkholderia cenocepacia*	(187)
Metalloproteinase (*ZapA*)	*Proteus mirabilis*	(33, 315)
Aureolysin V8	*Staphylococcus aureus*	(325)
Elastase (*lasB*)	*Pseudomonas aeruginosa*	(315)
Gelatinase (*gelE*)	*Enterococcus faecalis*	(315)
Cysteine proteinase (*speB, ideS*)	*Streptococcus pyogenes*	(315)
50 KDa metalloproteinase	*Proteus mirabilis*	(315)
porB	*Neisseria meningitidis*	(364)
OmpU	*Vibrio cholerae*	(230)

Tableau 1. Protéases bactériennes impliquées dans la résistance aux PAMs.

4) Potentiel thérapeutique

Avec l'augmentation de la résistance bactérienne aux antibiotiques classiques, il existe un intérêt croissant pour les agents anti-infectieux avec des modes d'action fondamentalement différents de celui des antibiotiques traditionnels pour lutter contre les mécanismes de résistance bactériens (148, 205). Le concept de l'utilisation de PAMs comme agents thérapeutiques a été introduit à la fin des années 1990 (418). Ils sont maintenant en train de devenir des candidats particulièrement innovants en tant que nouveaux agents anti-infectieux dans le domaine de la recherche de médicaments antimicrobiens. Dans la nature, ces peptides participent à la première ligne de défense de l'hôte contre les agents pathogènes en combinant l'activité antimicrobienne avec des propriétés immunomodulatrices (339). Les PAMs sont une classe prometteuse de nouveaux traitements néanmoins une petite fraction du nombre total de PAMs ayant une activité puissante antibactérienne *in vitro* a progressé dans les essais cliniques et à ce jour aucune PAM eucaryote naturel ou modifié n'a reçu l'approbation de la FDA pour des applications médicales (261, 279). Les obstacles suivants pour l'application thérapeutique de PAMs eucaryotes restent à surmonter : l'efficacité par rapport aux traitements actuels, les coûts de fabrication, la stabilité *in vivo* et la toxicité, les coûts de production et la sélection de bactéries résistantes aux PAMs (228).

Efficacité :

Certains PAMs ont échoué dans les essais cliniques car ils étaient moins efficaces que les traitements actuels sur les souches bactériennes sensibles aux antibiotiques (228, 412). Cependant, certains d'entre eux ont l'avantage majeur de tuer les bactéries multi-résistantes à des concentrations similaires que les souches sensibles. En effet, l'activité des PAMs ne semble pas être entravée par les mécanismes de résistance qui placent les antibiotiques actuellement utilisés en danger (392). Enfin, même si les antibiotiques sont aujourd'hui plus efficace sur les bactéries sensibles, ces critères négatifs doivent être considérés comme dérisoire par rapport à la nécessité de nouveaux traitements contre la généralisation de bactéries pathogènes multirésistantes (279).

Stabilité et toxicité *In vivo* :

À ce jour, la plupart des peptides dans des essais cliniques ont été évalués par une voie topique telle que la voie orale car la voie intraveineuse pose différents défis : la stabilité limitée de ces molécules à l'intérieur de l'hôte (l'inactivation, l'élimination rapide et la dégradation protéolytique) et la toxicologie inconnue *in vivo* (418). De nombreux peptides naturels présentent une activité antimicrobienne puissante directe *in vitro*, mais beaucoup perdent de leur efficacité dans des conditions physiologiques (concentration en sel et sérum) (228). Certains peptides naturels, cependant, ne sont pas sensibles à ces conditions et ont été utilisés avec succès *in vitro* et dans un modèle d'infection bactérienne chez la souris après une injection intraveineuse (74, 92). Un autre problème est l'élimination rapide des peptides par les reins au cours de la circulation en raison de la petite taille de ces molécules (171). Une stratégie d'élongation des peptides a été proposé pour limiter l'adsorption de peptides par les reins (172, 374). La dégradation par des protéases intestinales, des tissus et du sérum est également une cause majeure de la courte demi-vie de ces molécules. De nombreuses stratégies impliquant des modifications chimiques ont été proposées (7) pour surmonter le clivage protéolytique des peptides telles que la substitution des L-acides aminés par des D- acides aminés qui ne sont pas métabolisés par les proteases humaines (8, 362, 379), l'amidation de l'extrémité C -terminale, une acétylation à l'extrémité N -terminale, la cyclisation du peptide et les acides aminés non naturels (128, 277).

Coûts de production :

Le coût élevé de production des peptides est la principale raison pour laquelle l'industrie pharmaceutique s'est montrée réticente à promouvoir l'utilisation clinique de cette classe d'agents thérapeutiques antibactériens (128, 228). En effet, Giuliani et al. a évalué le coût pour les peptides cinq à vingt fois plus élevé que pour les antibiotiques classiques, trop cher pour une utilisation courante, surtout dans les pays les moins développés (128). La synthèse chimique, à savoir la méthode actuelle de synthèse en phase solide en utilisant la chimie FMOC, est extrêmement coûteuse pour une production à grande échelle et n'est pas concevable, sauf amélioration considérable. Des alternatives prometteuses à bas prix seraient l'expression recombinante en utilisant des micro-organismes tels que les levures, les champignons (258) ou des bactéries (43).

Acquisition de résistance:

Des préoccupations existent concernant une utilisation généralisée des peptides antimicrobiens pour traiter des maladies infectieuses, car ils pourraient augmenter la sensibilité de l'hôte aux infections en favorisant le développement de la résistance des agents pathogènes à la fois aux PAMs thérapeutiques et endogènes (34). Bien que les mécanismes de résistance aux PAMs aient été décrits chez certaines espèces de bactéries naturellement résistantes (266), plusieurs faits indiquent qu'il est peu probable que les souches naturellement sensibles acquièrent une résistance stable. i) Il n'existe pas de mécanisme universel connu de résistance aux PAMs, si la résistance se développe à un peptide thérapeutique donné il ne conduirait donc pas nécessairement à une résistance à tous les PAMs (144). ii) l'interaction entre les peptides et les membranes bactériennes est obligatoire. Ainsi, la résistance devrait entraîner des modifications biochimiques sur l'ensemble de la membrane, encourant des coûts métaboliques qui seraient trop élevé pour être maintenu sur plusieurs générations (408, 412). iii) Hancock et al. propose que chaque bactérie a de nombreuses cibles potentielles telles que la division cellulaire, l'ADN, l'ARN, la synthèse des protéines, l'activation de l'autolysine , etc , ce rendant difficile la résistance (147). iiii) En outre, Zasloff et al . ont souligné que, malgré la présence continuelle de PAMs chez les animaux et végétaux, ils sont restés éfficaces comme première ligne de défense contre les infections bactériennes depuis des millions d'années (408). iiiii) Enfin, l'utilisation de la nisine, un peptide anti-microbien produit par des bactéries, comme conservateur alimentaire depuis 1969 en Europe n'a pas conduit à la sélection de pathogènes d'origine alimentaire résistant aaux PAMs et à une augmentation de la sensibilité de l'hôte aux infections (34, 144).

Seules quelques études ont été réalisées *in vitro* sur l'évolution expérimentale de la résistance par une exposition continue de peptide antimicrobien. Dans deux études, la diminution de la sensibilité des bactéries aux PAMs, quand détectable, a été jugée modeste, a pris beaucoup plus de temps pour être sélectionnée en comparaison aux antibiotiques conventionnels, et était transitoire (228, 337, 412). Bien que ces études *in vitro* montrent que l'acquisition d'une résistance stable est peu susceptible de se produire, une autre étude de Perron et al. montre qu'elle n'est pas impossible (291). Les auteurs ont exposé différentes souches de E. *coli* et *Pseudomonas fluorescens* à des concentrations croissantes de pexiganan, un analogue synthétique de magaïnine.

La plupart des souches ont développé une résistance stable après 600 à 700 générations dans du milieu supplémenté avec le peptide (291). En comparaison, la résistance aux antibiotiques conventionnels peut émerger après ~ 24-27 générations (taux de 10^{-7} - 10^{-8}) (228). L'expérience de sélection en laboratoire, avec exposition à des concentrations sous-inhibitrices croissantes de peptide tout au long de la durée d'exposition , ne reflète pas ce que vivent les bactéries dans la nature car la sélection intense *in vitro* entraîne très probablement une adaptation spécifique des bactéries. Toutefois, en ce qui concerne la possibilité de cette menace, dans un cadre thérapeutique tout nouveau anti- efficaces devrait être étudié attentivement au cas par cas à nouveau dans la situation *in vivo*.

5) Peptides antimicrobiens équins

Toute la littérature traitant des peptides antimicrobiens équins connus a été examinée en détail par Bruhn et al., Dans Veterinary Research Journal en 2011 (53). A ce jour, 34 PAMs, décrits ici, ont été identifiés dans le génome de cheval. Tous ont supposément une activité antimicrobienne sur la base d'homologies avec des PAMs connus provenant d'autres sources, mais seul un cinquième de l'ensemble du répertoire de peptides équins a été évalué pour leur propriété antimicrobienne *in vitro* (tableau 2).

Tableau 2. Peptides antimicrobiens des chevaux.

Peptide mature	Famille	Masse (kDa)	Activité antimicrobienne	Références
DEFB103	β-defensin	5	inconnue	(210)
DEFB1	β-defensin	4.6	inconnue	(88, 210)
DEFL2	β-defensin	4.5	inconnue	(210)
DEFL3	β-defensin	4.4	inconnue	(210)
DEFA5L	α-defensin	4	inconnue	(54, 210)
DEFA1/2	α-defensin	4.1	Bactéries Gram-negatif, Gram-positif, champignons	(54, 55)
DEFA3	α-defensin	4	inconnue	(54)
DEFA4	α-defensin	4	inconnue	(54)
DEFA5-7	α-defensin	3.8	inconnue	(54)
DEFA8-11	α-defensin	3.9	inconnue	(54)
DEFA12/13	α-defensin	3.7	inconnue	(54)
DEFA14/15	α-defensin	3.6	inconnue	(54)
DEFA16	α-defensin	3.7	inconnue	(54)

DEFA17	α-defensin	5.5	inconnue	(54)
DEFA18/19	α-defensin	5.4	inconnue	(54)
DEFA20	α-defensin	4.4	inconnue	(54)
DEFA21	α-defensin	4.4	inconnue	(54)
DEFA22	α-defensin	4.3	inconnue	(54)
DEFA23	α-defensin	4.4	inconnue	(54)
DEFA24	α-defensin	4	inconnue	(54)
DEFA25-29	α-defensin	4.2	inconnue	(54)
eCATH1	cathelicidin	3.1	Bactéries Gram-negatif, Gram-positif, champignons	(316, 332)
eCATH2	cathelicidin	3.6	Bactéries Gram-negatif, Gram-positif, champignons	(316, 332)
eCATH3	cathelicidin	4.7	Champignons	(316, 332)
eNAP-1	granulin	7.2	Bactéries Gram-negatif et Gram-positif	(80)
eNAP-2	equinins	6.5	Bactéries Gram-negatif et Gram-positif	(79, 81)
equinins (x5)	equinins	ND	inconnue	(287-289)
Psoriasin 1	psoriasin	11.3	Faible activité sur *E. coli*	(201)
NK-lysin	NK-lysin	9.2	inconnue	(89)
Hepcidin	hepcidin	2.8	inconnue	(274)

Adapté de Bruhn *et al.*, 2011 (53)

II.5.1. Défensines

II.5.1.1. β-défensines

Jusqu'à ce jour, l'expression de 4 β-défensines différentes a été révélée chez le cheval. La première a été révélée par Davis et al. en utilisant une stratégie de recherche dans des bases de données de marqueurs de séquence exprimée (EST) (88). Des amorces spécifiques pour cette β-défensine supposée, nommée DEFB1 de β - défensine 1, ont été déterminées et les profils d'expression dans les tissus ont été étudiés. Les expériences ont montré l'expression du gène DEFB1 dans plusieurs tissus, y compris le cœur, la rate, les reins, le foie, l'intestin grêle et le gros intestin soutenant l'hypothèse d'une expression constitutive (88). Deux ans plus tard, la séquence de DEFB1a été utilisée pour cribler des clones BAC génomique de la bibliothèque CHORI - 241 pour la présence de gènes de défensines. Le séquençage du clone BAC CH241 - 245H5 a révélé la présence d'amas de gènes de défensines sur le chromosome ECA27q17 composé de 5 pseudogènes liés aux défensine, 7 gènes de β - défensines (DEFB103, DEFB1-3 et DEFL1 -3) et un gène d'α - défensines

(DEFA5L) (210). Les pseudogènes manquent des cystéines conservées, présentent des exons tronqués ou manquants, des mutations au niveau de codons *start* ou aux sites d'épissure. Parmi les sept gènes de β-défensines, DEFB2 DEFB3 se sont avérés être des doubles de gène de DEFB1 et l'analyse de la transcription n'a pas pu détecter d'ARNm de DEFL1 par rapport aux autres (52, 210). Dans le même temps, deux études de Yasui et al. ont révélé la production de β-défensines par les glandes apocrines, glandes sébacées cérumineuses et les glandes apocrines de la peau du scrotum équin. Dans ce dernier, les peptides ont été détectés dans les granules sécrétoires des cellules sécrétoires, ainsi que l'appareil de Golgi et des éléments du réticulum endoplasmique rugueux de ces cellules (399, 400).

II.5.1.2. α-défensines

La première putative α - défensine fonctionnelle du cheval a été découverte par Looft et al (2006) comme décrit précédemment. La séquence de ce peptide a été appelée DEFA5L par rapport à l'identité de séquence élevée avec l' α-défensine humaine DEFA5 spécifique des cellules de Paneth (80,1 %) (210). En 2007, Bruhn et al. , a révélé l' expression de ce peptide et d'un second, DEFA1, uniquement dans l'intestin grêle du cheval. Par similitude avec la DEFA5 humaine, ces résultats peuvent suggérer une expression spécifique dans les cellules de Paneth (55). La structure primaire du précurseur de DEFA1 avait toutes les caractéristiques d'un peptide fonctionnel, un peptide signal, un propeptide chargé négativement et la séquence déduite du peptide mature qui contenait des résidus de cystéines conservés, les acides aminés impliqués dans un pont de sel (Arg5 et Glu13) et le résidu Glycine17 essentiel pour un repliement correct. DEFA1 mature a été exprimé de manière recombinante chez *E. coli*, caractérisé par dichroïsme circulaire et modélisé. En accord avec d'autres α-défensines connues, DEFA1 présente une structure en feuille β stabilisée par trois ponts dissulfures et est composé de 3 brins β flanqués de grandes régions non structurées (55). L'activité antimicrobienne de ce peptide semble être large car il est efficace à des concentrations micromolaires, probablement par la formation de pores , contre diverses souches de bactéries pathogènes pour les humains (*E. coli*,

K.pneumoniae, E. cloacae, P. aeruginosa , S. aureus, S. epidermidis, E. faecalis, S. pyogenes, B. megaterium) et sur le champignon *Candida albicans* (55). Récemment, Bruhn et al . ont utilisé les séquences de DEFA5L et DEFA1 comme matrices pour identifier de nouvelles putatives α -défensines dans le génome équin (54). Sur la base de ces résultats, des amorces ont été conçues pour l'analyse transcriptionnelle des ARN trouvés dans l'intestin équin. Trente-huit peptides ont été identifiés, mais il semble que tous ne sont pas fonctionnels. En effet, parmi les 38 séquences peptidiques, seulement 20 portent les caractéristiques typiques des α -défensines tels que cystéines conservées, des ponts de sel et le résidu de glycine dans la séquence de peptide mature (DEFA1 à DEFA19 et DEFA5L) tandis que 10 n'ont pas cette caractéristique : des résidus impliqués dans la formation de pont salin (DEFA20 à29) (54). En outre, certaines de ces séquences peptidiques diffèrent dans la séquence de prepropiece mais partagent une séquence de peptide mature similaire (53).

II.5.2.   Cathélicidines

En utilisant uneapproche basée sur la RT-PCR, trois cathélicidines ont été identifiées dans la moelle osseuse du cheval grâce à la propiece conservée (cathéline) puis désignées eCATH1, eCATH2 et eCATH3 (316). L'analyse Northern blot sur de l'ARN de cellules myéloïdes équines, a révélé une expression abondante de eCATH2 et eCATH3 et un niveau significativement plus faible de l'expression de eCATH1. Fait intéressant, sur le plan génétique, des variants nuls eCATH1 ont été observés dans la moitié de la population de cheval étudiée (70 animaux). L'analyse de la région 3' non traduite (UTR) a révélé la présence d'un rétrotransposon et des séquences microsatellites dans eCATH3 suggérant que la région génomique n'est pas stable. Dans le cas de eCATH1, Scocchi et al. emis l'hypothèse que l'allèle nulle de eCATH1 était le résultat d'événements de recombinaison (316). Les séquences d'acides aminés déduites des eCATHs révéle des prepopieces qui partageant une identité de 80 à 97 %, des séquences peptidiques matures de 26 à 40 résidus de longueur sans identité et aucune homologie significative avec d'autres peptides. En ce qui concerne eCATH1, le niveau d'expression a été faiblement détecté dans les cellules myéloïdes, il a été spéculé que le variant positif pourrait être non fonctionnel. L'analyse Western blot a révélé la présence des peptides eCATH2 et 3, mais pas eCATH1 dans les neutrophiles périphériques des chevaux *gène-positif* suggérant que eCATH1 est incapable de coder pour un polypeptide (316). Cette hypothèse a été confirmée par la libération de eCATH2 et 3 mais pas eCATH1 lors de la stimulation des neutrophiles avec le sécrétagogue PMA (phorbol myristate acétate). Dans d'autres études, l'élastase a été identifiée comme la protéase responsable du clivage entre le domaine cathéline N - terminal et le domaine C-terminal antimicrobien pour libérer les eCATHs matures (332). Les enquêtes sur la structure secondaire des peptides synthétiques ont confirmé une teneur en hélice α pour les trois peptides en présence d'un solvant helicogenic par étude de dichroïsme circulaire. Les activités des trois cathélicidines ont été évaluées, curieusement le peptide eCATH1 non produit s'est révélé être le peptide le plus actif contre les différentes souches bactériennes alors que eCATH3 s'est avéré inefficace contre les bactéries et son activité antifongique a été observé que dans un milieu à faible force ionique. Enfin, aucun de ces trois cathélicidines n'étaient hémolytique pour les érythrocytes humains ou de chevaux (332).

II.5.3.   Peptides eNAPs et équinins des neutrophiles

De manière surprenante, Couto et al. décrivirent en 1992 l'absence de défensines, mais la présence d'un nouveau peptide riche en cystéine, ENAP -1, dans les granules de neutrophiles équins (80). L'analyse des acides aminés a révélé que ce peptide de 46 résidus de longueur contenait 10 cysteines impliquées dans les liaisons dissulfures. La séquence en acides aminés du peptide était identique à 78,3 % à celle d'un peptide humain de la famille des granuline et ayant des propriétés immuno-inflammatoires (31, 80). Malgré la faible quantité de peptide récupéré à partir de neutrophiles, les auteurs ont étudié l'activité antibactérienne contre quelques pathogènes équins et ont montré que le peptide était particulièrement efficace contre *S. zooepidemicus* (80). La même équipe a découvert la même année, un nouveau peptide bactéricide riche en cystéine dans les leucocytes équins qu'ils nommèrent ENAP - 2 (79). En dépit de la forte teneur en cystéine, le peptide ne partage pas de similitude avec eNAP1 ou d'autres membres de la famille granuline. ENAP - 2 est bactéricide contre divers agents pathogènes bactériens équins dont *S. zooepidemicus , E. coli* et *P. aeruginosa.* Par opposition avec ENAP -1, ENAP -2 s'est révélée être un produit de gène majeur dans les neutrophiles équins et en ce qui concerne son activité anti-bactérienne, il est probable que ce peptide contribue à la destruction intracellulaire des agents pathogènes (79). En outre, ce peptide peut également jouer un rôle dans la défense de l'hôte contre l'infection en combinant l'activité antibactérienne avec une activité contre les exoprotéases qui agissent comme des facteurs de virulence par une variété de micro-organismes. En effet, Couto et al. ont démontré que ENAP-2 inactive sélectivement des sérine-protéases microbiennes (subtilisine A et protéinase K), mais pas les sérine-protéases de mammifères, par une liaison non covalent au site actif de ces enzymes (81). Pellegrini et al . , a proposé quelques années plus tard d'inclure l'ENAP - 2 dans une nouvelle famille d'inhibiteurs de protéases, les équinins (289). Cinq autres peptides appartenant à cette famille ont été préalablement isolés à partir de la fraction riche en granules des neutrophiles équins et caractérisés (287, 288). Jusqu'à ce jour, les activités antimicrobiennes de ces peptides n'ont jamais été étudiées, mais ils se sont révélés inhiber sélectivement la protéinase K et subtilisine, d'une manière similaire à celle à l'ENAP -2 (287, 288).

II.5.4.   Psoriasine-1 équine

La psoriasine est un membre de la famille des gènes S100, connu sous le nom de protéine de liaison du calcium. Chez d'autres organismes la psoriasine a été montré comme ayant une activité antibactérienne et être une protéine inflammatoire chimiotactique puissante et sélective pour les lymphocytes T CD4 (+) et les neutrophiles (174, 239). En 2005, le gène codant pour la psoriasine équine-1, ou S100A7, a été identifié sur le chromosome 5p13-12. L'ADNc correspondant à la transcription de ce gène partage une identité de 80% avec l'ADNc bovin S100A7 et 85% d'identité avec l'ADNc humain S100A7 (201). La transcription a été plus tard détectée par Bruhn et al. dans la peau, la trachée, l'œsophage, l'intestin et la vulve.

Dans la même étude, l'activité a été étudiée, le peptide s'est avéré être faiblement efficace sur *E. coli* et a eu une activité de formation de pores moyenne faible (51).

II.5.5.   NK-lysine

La NK-lysine équine, bien que inductible par la stimulation des lymphocytes, semble être exprimée de façon constitutive dans les lymphocytes CD4 + et CD8 + (89). La séquence d'acides aminés, de 83 résidus, paratage une grande identité et similitude de 80% et 69% avec le porc et les homologues humains, respectivement (53, 89). Les propriétés antimicrobiennes de la NK-lysine équine sont inconnues, mais plusieurs caractéristiques de la NK-lysine équine indiquent une activité antimicrobienne probable. En effet, il ya une forte teneur de charge cationique et toutes les cystéines sont conservées entre homologues (17, 89).

II.5.6.   Hepcidine

Les hepcidines sont des peptides riches en cysteine trouvées dans une grande variété d'espèces de vertébrés. Ces peptides permettent la séquestration du fer par plusieurs types cellulaires tels que les hépatocytes, ce qui limite sa biodisponibilité comme élément nutritif pour les microbes pathogènes (274). En plus de cette activité anti-microbienne indirecte, peu d'études ont également décrit une activité directe de lyse de ces peptides (189, 373). Récemment, l' hepcidine équine a été décrite par Oliviera Filho et al . Ce peptide était très similaire à ceux d'autres mammifères, en particulier l'homologue humain, car il a présenté 8 cystéines conservées impliquées dans des ponts dissulfure, et un site de clivage conservé du peptide signal. De plus, le peptide mature partage une identité de 76 % avec l' hepcidine humaine et une longueur similaire (25 résidus). L'analyse de l'expression de l'hepcidine équine par Q -PCR a révélé que le peptide est exprimée principalement dans le foie, alors qu'une expression beaucoup plus faible a été détectée dans le cortex, le poumon, le duodénum, l'estomac, la rate, le rein, le muscle squelettique cérébral et de la vessie (274).

BUTS DE L'ETUDE

Les objectifs du projet HippoKAMP sont i) d'évaluer l'efficacité des peptides antimicrobiens du cheval dans le traitement des maladies infectieuses équines de la sélection *in silico* à des études *in vivo* d'efficacité et ii) de mettre en place une méthode de production en grande quantité et faible coût pour rendre l'utilisation de PAMs possibles comme agents thérapeutiques pour les chevaux. Dans le cadre de ce projet, le but de mon travail de thèse a été, en priorité, de répondre au premier objectif du projet HippoKAMP. Le travail s'est concentré sur l'évaluation du potentiel thérapeutique de PAMs équins sélectionnés contre les pathogènes équins liés à la rhodococcose par des études *in vitro* et *in vivo*.

La première étape de cette thèse a consisté en la sélection de peptides les plus prometteurs, en premier lieu en fonction des données disponibles dans la littérature pour les quelques peptides qui ont déjà été produits. Par conséquent, le travail s'est concentré sur deux peptides équins connus, l'α-défensine-1, DEFA1 et la cathelicidine eCATH1 qui possèdent des activités antibactériennes puissantes décrites dans la littérature. Le potentiel thérapeutique *in vitro* de DEFA1 contre *R. equi* et pathogènes associés a été comparé à eCATH1 (chapitre I). Pour des raisons éthiques, seuls les peptides non toxiques présentant une activité antimicrobienne sont testés *in vivo* afin d'évaluer leur activité dans un modèle animal, puis chez le cheval. Puisque DEFA1 est cytotoxique *in vitro*, le peptide a été exclu de l'étude tandis que eCATH1, qui ne nuit pas aux cellules de mammifère, a été évalué pour son activité contre *R. equi* intracellulaire et pour son activité et la toxicité dans un modèle animal de rhodococcose (chapitre II).

La section *travail personnel* est donc divisée en 2 chapitres, eux-mêmes divisés en quatre parties: Contexte de l'étude, Matériel et méthodes, Résultats et Discussion.

Une section *Discussion et conclusion générale* suivie des *perspectives* suite à ce travail termine ce manuscrit.

TRAVAIL PERSONNEL

I. Chapitre I : Potentiel *in vitro* de DEFA1 et eCATH1 comme antimicrobiens alternatifs dans le traitement de la rhodococcose

1) Contexte de l'étude

Selon des données récentes, ~ 950 000 équidés sont présents en France et 4 sur 10 de leurs éleveurs sont concentrés dans la région de Basse-Normandie (Figure 8) (2). La santé et le bien-être du cheval est donc d'un intérêt particulier pour cette région, tant en termes économiques que émotionnelles.

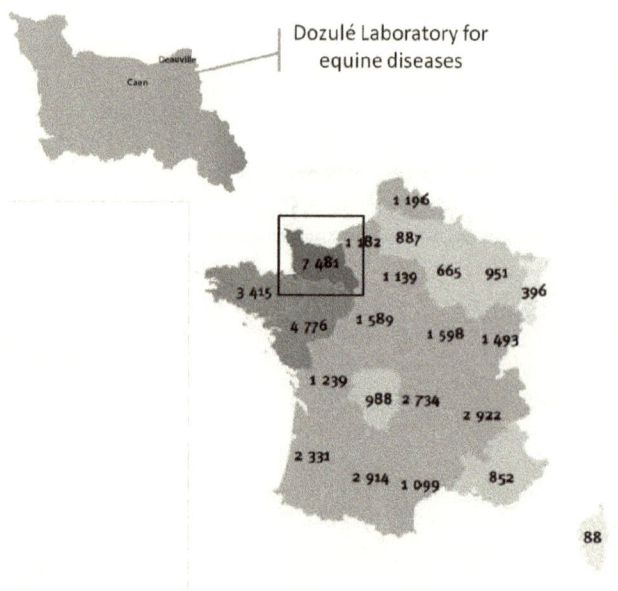

Dozulé Laboratory for equine diseases

Figure 8. Répartition des éleveurs de chevaux en France.
4 sur 10 éleveurs sont localisés en Basse-Normandie où est localisé le laboratoire de pathologie équine de Dozulé. Adapté de (2)

Une étude sur 1617 poulains autopsiés au laboratoire de pathologie équine de Dozulé sur une période de 20 ans a révélé que, avec une fréquence de 12,3%, *Rhodococcus equi* représente une cause majeure de la mort de poulains dans cette région (235). Cette haute fréquence met en évidence les difficultés des éleveurs et des vétérinaires dans le contrôle de la maladie. Pour aider les professionnels équins contre cette menace, *R. equi* est depuis

1998 un agent pathogène d'un grand intérêt pour le laboratoire de pathologie équine de Dozulé.

En effet, depuis lors, les scientifiques de ce laboratoire travaillent sur le développement et / ou l'optimisation de la prophylaxie, d'outils épidémiologiques et diagnostiques, la surveillance de la résistance aux antibiotiques et les mécanismes impliqués dans les premiers stades de l'infection afin de mieux comprendre la pathologie de *R. equi*. Cependant, jusqu'à présent, aucun projet n'a été entrepris pour étudier de nouvelles stratégies de traitement, malgré le nombre limité d'antibiotiques disponibles pour lutter contre ce pathogène. Pour cette raison, il était évident de se concentrer dans un premier temps sur l'étude du potentiel thérapeutique de PAMs équins contre *R. equi*.

Deux peptides ont été sélectionnés pour étudier le potentiel thérapeutique *in vitro* contre la rhodococcose et les agents pathogènes les plus souvent associés que sont *Streptococcus zooepidemicus* et *Klebsiella pneumoniae*. La sélection a été faite sur la base des données disponibles sur les PAMs équins. DEFA1 a été le premier choisi, puisque son activité *in vitro* contre le pathogène a été publié en 2009. eCATH1, a été choisi parce qu'il est le seul, parmi les peptides équins, à l'exception de DEFA1, a avoir une activité antibactérienne élevée de connue. Les deux peptides ont été synthétisés chimiquement et évalués pour leur cytotoxicité *in vitro* sur des cellules eucaryotes, la tolérance au sel, et leur activité sur *R. equi* et les agents pathogènes souvent retrouvés en co-infection. De plus, leur structures ont été étudiées en présence de modèles de membranes et l'étude de l'acquisition de la résistance a été réalisée avec *R. equi*. Les peptides ont conduit à l'inhibition de la croissance et de la mort de *R. equi* et *S. zooepidemicus* à des concentrations micromolaires. En outre, eCATH1 était capable d'inhiber la croissance de *K. pneumoniae*. Les deux peptides ont provoqué une perturbation rapide de la membrane de *R. equi* conduisant à la lyse des cellules. Fait intéressant, eCATH1 a eu un effet synergique en association avec la rifampicine. Par ailleurs, eCATH1 n'est pas cytotoxique contre des cellules de mammifère à des concentrations bactériolytiques et maintient sa forte activité bactéricide, même à des concentrations physiologiques en sel. Les résultats de cette étude ont été publiés dans le journal *Antimicrobial Agents and Chemotherapy* en 2012 :

Schlusselhuber M., Jung S., Bruhn O., Goux D., Leippe M., Leclercq R., Laugier C., Grötzinger J., Cauchard J. *In vitro* potential of equine DEFA1 and eCATH1 as alternative antimicrobial drugs in rhodococcosis treatment. **Antimicrobial Agents and Chemotherapy**. 2012; 56(4):1749-55.

2) Matériel et methodes

Peptides antimicrobiens et antibiotiques

Le peptide antimicrobien eCATH1 a été synthétisé chimiquement par GenScript USA Inc. (Piscataway, NJ, USA) et dissout dans 10 mM d'acide acétique. DEFA1 a été synthétisé chimiquement (Biosyntan GmbH, Berlin, Allemagne), renaturé comme décrit précédemment par Jung et al. pour un autre peptide synthétique (*Jung et al., 2010*) et dissout dans de l'acide trifluoroacétique 0,01%. La nisine (ref N5764; Sigma Aldrich, St. Louis, MO, USA) a été suspendue dans de l'HCl 20 mM pour obtenir une solution stock à 100 µg/ml. L'érythromycine (ref E5389) et la rifampicine (ref R7382) ont été achetées chez Sigma Aldrich (St. Louis, MO, USA), et des solutions de travail ont été fraîchement diluées dans de l'eau stérile avant chaque expérience.

Dichroïsme circulaire (DC) et preparation des liposomes

Les mesures de DC ont été effectuées sur un spectropolarimètre Jasco J- 720 (Japan Spectroscopic, Tokyo, Japon) à l'aide des cuvettes en quartz appropriées (Helma GmbH, Allemagne) avec des longueurs différentes. Chaque spectre DC représente la moyenne de trois balayages à une largeur de bande de 2 nm et un datapitch de 1 nm. La vitesse de balayage a été ajusté à 5 nm / min avec un temps de réponse de 8 s. Les expériences DC ont été réalisées en l'absence et en présence de liposomes, afin de comparer la structure secondaire des peptides dans les milieux aqueux et hydrophobes. Les liposomes ont été préparés comme décrit par Pick et al. (*Pick et al., 1981*) en utilisant des phospholipides définis et du de tampon phosphate de sodium, 50 mM pH 5,2. Les échantillons de liposomes initialement bruts ont été affinés par passage sur une colonne NAP- 5 (Amersham Biosciences). L'éluat a été utilisé comme suspension de stock pour les expériences et stocké à 4 ° C. Les phospholipides achetés chez Avanti Polar Lipids Inc. (Alabaster , AL) sont des L- α - phosphatidyl -DL- glycérol (PG) et la L - α - phosphatidylcholine (PC) . En raison de la charge négative nette à la surface de la membrane, les liposomes PG servent de modèles très simplifiés de membranes bactériennes tandis que les liposomes PC servent de modèles de membranes eucaryotes en raison de leur surface électrostatiquement neutre. 800 µl de liposome stock, dilués au 1:100 dans du tampon phosphate de sodium 50 mM, pH 7,0 a été appliqué dans une chambre d'une cuvette de quartz en tandem (2x 4,375 mm). L'autre chambre a été remplie avec l'échantillon de peptide. eCATH1 a été suspendu dans un tampon phosphate de sodium 50 mM, pH 7,0 , à une concentration de 9 µg ml . DEFA1 a été suspendu dans un tampon de phosphate de sodium , pH 5,2 , à une concentration de 17 µg / ml. Après des mesures initiales du peptide et des échantillons de liposomes séparés, la cuvette en tandem a été inversée 40 fois pour mélanger l'échantillon. Les spectres des échantillons mélangés ont été enregistrés après 20 min d'incubation.

Tests antimicrobiens

La Concentration Minimale Inhibitrice (CMI) de eCATH1 sur les souches de référence *R. equi* ATCC 33701 P + , *S. zooepidemicus* CIP 102 228 T et *K. pneumoniae* CIP 82.91T ont été déterminées en utilisant la méthode de référence de microdilution décrit par le document du CLSI M07 - A8 avec les modifications proposées par le Laboratoire Hancock afin d'éviter l'adsorption des AMPs à la microplaque (*Hancock et al., 2000*). 100 µl de suspension bactérienne à 5×10^5 UFC

/ ml dans du bouillon Mueller-Hinton (MHB) ont été incubés dans une microplaque NUNC en polypropylène avec 11 µl de peptides dilués en série dans 10 mM d'acide acétique additionné de 0,2 % de sérum albumine bovine (SAB). La SAB a été utilisée pour éviter l'adsorption de peptides cationiques à la microplaque. Les plaques ont été scellées et incubées à 37 ° C pendant 24 à 48 h jusqu'à ce que la croissance soit visible. Des cultures sans peptides ont été utilisées comme contrôles positifs. Du MHB non inoculé a été utilisé comme témoin négatif. La CMI a été définie comme la concentration la plus faible du peptide qui provoque une diminution de 80 % de la turbidité par rapport à la croissance d'un puit témoin. Les expériences ont été réalisées en triplicat.

Tolérance au sel

La tolérance au sel de eCATH1 a été déterminée en utilisant le test de microdilution comme décrit précédemment avec des modifications mineures (Jung et al., 2000). Une suspension de *R. equi* ATCC 33701 P + a été ajustée à 10^4 - 10^5 germes par ml dans 10 mM de phosphate de sodium, pH 7,2, supplémenté avec 1% de bouillon cœur-cervelle (BHI) et du chlorure de sodium à des concentrations finales de 0, 50, 100 ou 150 mM. 11 µl de dilutions eCATH1 (gamme de concentrations finales testées: 0,22 à 35,5 µg ml) ont été ajoutés à 100 µl de suspension bactérienne et incubés à 37 ° C pendant 2,5 h sou agitation (250 rpm) avant dénombrement sur boite. Le solvant de eCATH1 (acide acétique 10 mM) a servi de contrôle négatif. L'activité antibactérienne du peptide a été déterminée par la DL90 (dose létale 90%) ou par la concentration minimale bactéricide (MBC) (99,9% de bactéries tuées). Chaque expérience a été réalisée en triplicat.

Microscopie électronique à balayage (MEB)

1 ml d'une culture de R. equi ATCC 33701 P + en phase exponentielle de croissance (DO600 nm = 0,5 à 0,6) a été exposé à 100 µg /ml de eCATH1, DEFA1, ou le

diluant des peptides pour le témoin, dans un bouillon BHI pendant 5 minutes à 37 °

C. Le ratio cellules/peptides utilisé pour l'expérience de MEB était au moins 20 fois plus élevé que dans les conditions utilisées pour déterminer les valeurs de CMI de ces peptides dans le but d'observer l'effet des peptides sur la membrane bactérienne avant leur lyse. Les bactéries ont été sédimentées par centrifugation à 4000 xg pendant 5 min et lavées deux fois dans du PBS, pH 7,2. Les pastilles ont été fixées avec du glutaraldéhyde à 2,5% dans 0,1 M de tampon cacodylate, pH 7,4 , à 4°C pendant une nuit. Les cellules ont été dispersées et sédimentées sur des lamelles Thermanox recouvertes de poly -L- lysine ®. Les cellules ont ensuite été rincées dans du tampon cacodylate 0,2 M, pH 7,4 , en présence de 0,2 M de saccharose et post- fixées pendant 1 h avec 1% de tétroxyde d'osmium dans 0,1 M de tampon cacodylate, pH 7,4 , en présence de 0,1 M de saccharose (à 4 ° C et à l'abri de la lumière). Les bactéries ont ensuite été lavées dans 0,2 M de tampon cacodylate, pH 7,4 en présence de 0,2 M de saccharose et déshydratées dans des bains d'éthanol progressifs (70-100 %). Les échantillons ont été séchés au point critique (DPC 030 Leica Microsystems) pulvérisées avec du platine (JEOL JFC 1300) et observés sur un microscope électronique à balayage JEOL 6400F au Centre de microscopie électronique de l'Université de Caen Basse-Normandie (CMABio , France) .

Etude de synergie

R. equi P103 P-a été utilisée pour tester les combinaisons antimicrobiennes par la méthode de titrage en damier en utilisant des microplaques en polypropylene 96 puits. L'expérience a été réalisée en triplicat. Les concentrations testées varient de 0,031 à 2 x la CIM de chaque antimicrobien respectif (eCATH1, l'érythromycine et la rifampicine). L'inoculum final a été vérifié par comptage. Des contrôles de croissance positifs (ne contenant aucun antimicrobiens) et négatifs ont été inclus. Les microplaques ont été scellées et incubées à 37 °C pendant 48 h. L'AlamarBlue ® (Invitrogen, Cergy Pontoise, France), un indicateur redox colorimétrique sans effets connus sur la croissance des microorganismes (*Baker et al., 1994*), a été utilisé pour la lecture de plaques. La croissance a été déterminée visuellement en observant la réduction de l'indicateur colorimétrique redox (un changement de couleur du bleu au violet ou rose). L'indice FIC (Fractional Inhibitory Concentration) le plus bas a été calculé selon l'équation suivante : indice $FIC = FIC_A + FIC_B = A / CMI_A + B / CMI_B$, où respectivement, A et B sont les CMI de ladrogue A et B en combinaison, MIC_A et MIC_B sont les CMI des drogues A et B seules , et FIC_A et FIC_B sont les FIC des drogues A et B. les indices FIC ont été interprétés comme suit : < 0,5 , synergie ; 0,5 à 4,0 , indifférent , et > 4.0 , l'antagonisme (*Anon et al., 1992*). Dans certains cas, on peut avoir une interprétation variable (*Bonapace et al., 2002*) , par conséquent , une deuxième méthode (« deux- puits ») a été utilisée pour la confirmation. La méthode « deux-puits » définie la synergie comme l'absence de turbidité dans les deux puits contenant 0,25 x CMI des deux drogues et 2 x CMI des deux drogues . L'antagonisme est définie par la présence d'une turbidité dans les deux de ces puits, tandis que l'indifférence est définie comme toutes les autres possibilités (*Eliopoulos et al., 1996*).

Cytotoxicité

Les effets de eCATH1 et DEFA1 sur l'intégrité de la membrane plasmique des lignées cellulaires RK13 CCL-87 et VERO CCL-81 ont été évalués par le relarguage de la lactate déshydrogénase (LDH). Les lignées de cellules épithéliales (ATCC, USA) ont été cultivées selon les lignes directrices de l'ATCC. La viabilité des cellules avant les essais de cytotoxicité a dépassé 99%, telle que déterminée par l'exclusion du colorant vital bleu Trypan. Le dosage de libération de la LDH a été réalisé selon les instructions du fabricant en utilisant un kit disponible dans le commerce (TOX-7, Sigma-Aldrich, Saint-Louis, USA). Brièvement, les cellules ont été incubées avec des dilutions en série (allant de 0,31 à 100 µg/ml) de eCATH1, DEFA1, la nisine ou 1% (v / v) de Triton X-100 (témoin positif) pendant 24 h. La nisine a été utilisée ici comme un «contrôle non toxique» en raison de son statut GRAS dans l'industrie alimentaire. Le pourcentage de cytotoxicité a été calculé tel que décrit par Vaucher et al. (2009). Chaque expérience a été réalisée en triple et les valeurs ont été exprimées en tant que moyenne ± écart-type.

Activité hémolytique

L'hémolyse de sang frais défibriné de mouton (Biomérieux, Marcy l'Etoile, France) et de cheval (recueilli sur d'une jument saine de 8 ans) a été évaluée en triplicat, par un dosage de de la libération de l'hémoglobine (*Shin et al., 2001*). Brièvement, les érythrocytes ont été rincés trois fois avec du PBS (pH 7,2) par centrifugation pendant 15 min à 800 x g et remis en suspension dans du PBS, pH 7,2, à une concentration finale de 4% (v /v) . Des échantillons de 100 µl de suspension ont été transférés dans une microplaque et traités avec eCATH1, DEFA1, la nisine (témoin), ou 1% (v / v) de Triton X- 100 (témoin positif) à 37 ° C pendant 1 h. Après centrifugation à 1000 xg pendant 5 minutes, les surnageants ont été transférés dans une microplaque et la libération d'hémoglobine suivie par mesure de l'absorbance à 414 nm. Le pourcentage d'hémolyse a été calculé par la formule suivante (AT -AC) / (AX- CA) x 100, où A est l'absorbance expérimentale des surnageants traités , AC est l'absorbance de controle du surnageant de cellules non traitées, et AX est l'absorbance des cellules lysées par le Triton X- 1001% (v /v).

Etude de la résistance

10 µl de suspension de *R. equi* P103 P- ont été utilisés à partir du puits correspondant à celui de la moitié de la CMI sur microplaque neuve contenant 75 µl de dilution antimicrobienne et 65 µl de MHB frais (Zhang et al. 2005). Des dilutions des antimicrobiens (eCATH1, rifampicine ou érythromycine) représentent le double de la concentration souhaitée (0,25 x MIC à 4 x MIC de l'agent) puisque une dilution au demis est appliquée dans la microplaque. Les microplaques ont été scellées et incubées à 37 ° C. En raison de la croissance lente de *R. equi,* les CMI ont été déterminées toutes les 48 h pendant 50 passages (580 générations) ou la sélection de

résistance pour les antibiotiques testés. Les clones présentant une sensibilité inférieure à eCATH1 ont été congelés à -80 ° C jusqu'à analyse ultérieure. Parce que la résistance et les concentrations critiques de sensibilité pour *R. equi* n'ont pas été définies, la souche a été considéré comme résistante à la rifampicine pour une CMI > 8 µg /ml et résistante à l'érythromycine pour une CMI > 4 µg /ml. Pour vérifier la stabilité de la résistance à eCATH1, les clones congelés présentant une sensibilité moindre au peptide ont été transférés une à quatre fois sur un milieu gélosé sans peptide avant la mesure de MIC tel que décrit dans la section " tests antimicrobiens ".

3) Résultats

Dichroïsme circulaire (DC)

En l'absence de liposomes, DEFA1 présente un spectre DC avec un maximum à 230 nm, ce qui est typique pour les protéines ayant une structure en feuillet β (Figure 9). Après mélange de DEFA1 avec des liposomes PG, des précipités se sont formés entraînant une forte diffusion de la lumière. Cet effet a entravé l'interprétation de la structure secondaire de DEFA1 par spectroscopie CD. En revanche, aucune précipitation n'a été observée après mélange de DEFA1avec les liposomes PC. Les spectres DC de DEFA1 sont similaires avant et après mélange avec les liposomes de PC, ce qui indique une teneur en structure secondaire constante.

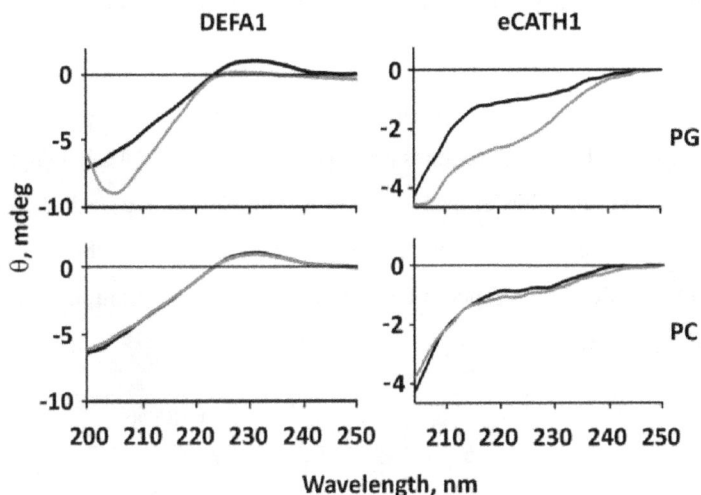

Figure 9. Incidence de membranes phospholipidiques sur la structure secondaire de DEFFA1 et eCATH1.
Les structures secondaires de DEFA1 (à gauche) et de eCATH1 (à droite) ont été étudiées par spectroscopie DC en l'absence (lignes noires) et présence (lignes grises) de liposomes chargés négativement (PG, en haut) ou neutres (PC, en bas).

En ce qui concerne eCATH1 et en l'absence de liposomes, le spectre DC est typique d'un peptide linéaire (Figure 9). Après mélange de eCATH1 avec des liposomes PC aucun changement détectable de la composition de la structure secondaire n'est observé, cependant, un changement apparait après mélange de eCATH1 avec des liposomes PG. L'interaction du peptide avec les membranes des liposomes modifie sa structure secondaire en hélice α avec un minimum typique à 222 et 208 nm.

Activité antimicrobienne

L'activité antibactérienne de eCATH1 et DEFA1 sur des souches de référence de R. equi (ATCC 33701 P + et P103 P-), K. pneumoniae (CIP 82.91T) et S. zooepidemicus (CIP 103228T) est présenté dans le tableau 3. eCATH1 inhibe la croissance des bactéries Gram-positives R. equi (3,5 µg/ml, 1,1 µM) et S. zooepidemicus (7,1 µg/ml,

2,3 µM), et est également efficace contre la bactérie Gram-négative *K. pneumoniae* (7,1 µg / ml,

2,3 µM) à de faibles concentrations micromolaires. Des résultats similaires ont été obtenus pour DEFA1 avec les souches gram-positives: *R. equi* ATCC 33701 P+ et *S. zooepidemicus* ont été inhibées par 10 µg/ml (2,45 µM) et 5 µg/ml (1,22 µM) de peptide, respectivement. Cependant, *K. pneumoniae* n'est pas sensible à DEFA1 car aucune inhibition de la croissance n'a été observée à la concentration maximale (40 µg/ml; 9,81 µM) testée.

Microorganismes	CMI (µg/ml)	
	DEFA1	eCATH1
Rhodococcus equi ATCC 33701 P+	10	3.5
Rhodococcus equi P103 P-	ND[a]	3.5
Klebsiella pneumoniae CIP 82.91T	>40	7.1
Streptococcus zooepidemicus CIP 103228T	5	7.1

Tableau 3. CMIs de DEFA1 et eCATH1 pour des souches de référence de *R. equi*, *K. pneumoniae* et *S. zooepidemicus*

[a] ND, non déterminé.

En l'absence de chlorure de sodium, eCATH1 est capable de tuer 90% de *R. equi* ATCC 33701 P + à 2,2 µg /ml (DL90) et 99,9% (CMB) à 4,4 µg/ml (Figure 10). La CMB et les valeurs de CMI étaient semblables, ce qui indique que eCATH1 a un effet bactéricide plutôt que bactériostatique sur *R. equi*. En présence de 50 mM de chlorure de sodium, la DL90 était deux fois plus élevée, mais la CMB est restée à 4,4 µg/ml. A une concentration physiologique de sel (150 mM), eCATH1 maintient son activité bactéricide relativement élevée, puisque le CMB n'est augmentée que d'un facteur de deux (8,8 µg /ml) par rapport aux conditions sanssel (Figure 10).

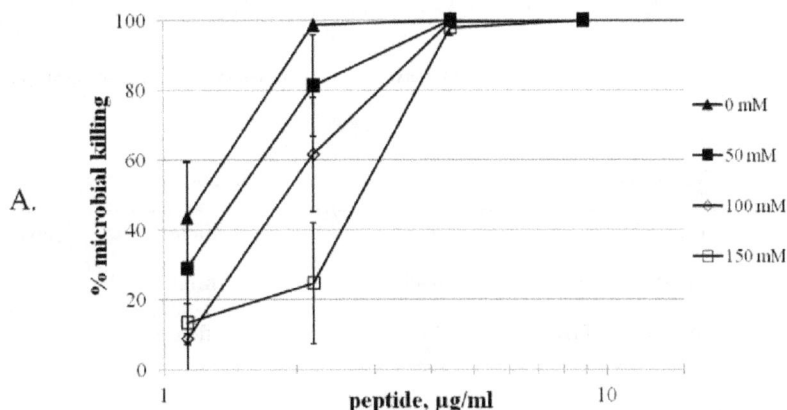

A.

NaCl concentration (mM)	LD90 (μg/ml)	MBC (μg/ml)
0	2.2	4.4
50	4.4	4.4
100	4.4	8.8
150	4.4	8.8

B.

Figure 10. Dépendance au sel de l'activité antimicrobienne de eCATH1.
La tolérance au sel a été testée contre R. equi ATCC 33701 P + en mesurant les valeurs CMB en présence de 0 (▲), 50 (■), 100 (◊) et 150 mM (□) de chlorure de sodium. A) courbes de mortalité, les valeurs sont exprimées comme la moyenne de trois expériences indépendantes ± erreur type, B) valeurs de DL90 et CMB en l'absence ou en présence de sel.

L'activité antibactérienne de eCATH1 en combinaison avec DEFA1 ou un antibiotique (rifampicine, érythromycine) contre *R. equi* P103 P- est présentée dans le tableau 4. Fait intéressant, il y a une synergie lorsque eCATH1 est combiné avec l'inhibiteur de l'ARN polymérase, la rifampicine (FIC <0,5). Cependant, ce peptide est indifférent en combinaison avec DEFA1 ou l'érythromycine (0,5 <FIC ≥ 4). Toutes ces données ont été confirmées par la méthode "à deux puits" (données non présentées).

Tableau 4. Interaction antibactérienne de eCATH1 avec DEFA1, la rifampicine ou l'érythromycine sur *R. equi* P103 P-.

Combinaison	FIC	Intéraction
DEFA1-eCATH1	0.53	Indifferent
Rifampine-eCATH1	0.49	Synergie
Erytromycine-eCATH1	1.25	Indifferent

Les indices FIC indiquent la synergie lorsque la valeur est <0,5 ou antagonisme lorsque la valeur est >4

Microscopie électronique à balayage

La MEB a été utilisée pour examiner l'effet de eCATH1 et DEFA1 sur la morphologie de *R. equi* ATCC 33701 P +. Dans le contrôle négatif, la membrane de la cellule bactérienne était intacte, avec un aspect mucoïde, et des petites structures de filopodes ont été observées. Une morphologie similaire a également été décrite sur la base de micrographies publiées pour une autre souche de référence de *R. equi* (*Sydor et al., 2008*). Des fragments cellulaires étaient absents de l'échantillon de contrôle. Le traitement des bactéries avec 100 µg /ml de DEFA1 ou eCATH1 semble résulter en une déstabilisation de la membrane déjà après 5 min d'incubation. Les deux peptides conduisent clairement à la modification de la morphologie de la membrane. En outre, de nombreux fragments cellulaires ont pu être observés après le traitement indiquant une lyse cellulaire (Figure 11).

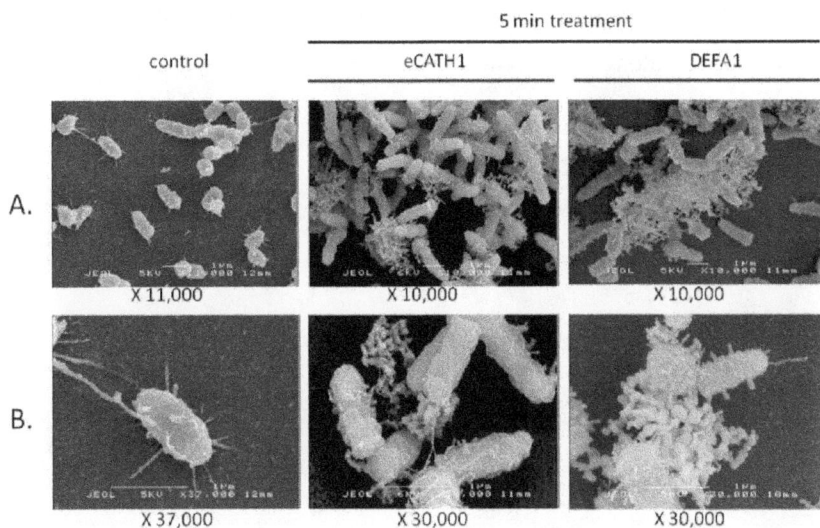

Figure 11. Microscopie électronique à balayage sur *R. equi* ATCC 33701 P + traité avec DEFA1 ou eCATH1.
R. equi en milieu de phase exponentielle de croissance a été incubé avec 100 µg /ml de eCATH1, DEFA1 ou avec le solvant du peptide (comme contrôle négatif) pendant 5 minutes. Observation à faible (A) et à fort grossissement (B).

Cytotoxicité des peptides antimicrobiens

La cytotoxicité de eCATH1 et DEFA1 a été évaluée par le dosage de libération de LDH en utilisant des cellules épitheliales RK13 et VERO et un maximum de 100 µg /ml de peptide (Figure 12). Pour les deux lignées cellulaires, eCATH1 n'a pas affecté de manière significative l'intégrité de la membrane plasmique des cellules. Par rapport au témoin négatif, aucune cytotoxicité n'est observée jusqu'à 50 µg /ml et une cytotoxicité mineure (10%) a été observée pour la lignée de cellules VERO à 100 µg /ml (Figure 12A). Les cellules RK13 ne sont pas affectées par 100 µg /ml de eCATH1 (Figure 12B). En revanche, DEFA1 est plus cytotoxique, avec un effet substantiel sur les cellules VERO à 50 µg /ml. A 100 µg /ml de DEFA1, l'intégrité de la membrane des cellules RK13 et VERO est fortement affectée (Figure 12 A et B).

89

En outre, eCATH1 et DEFA1 ont été testés pour l'activité hémolytique contre des érythrocytes de moutons et chevaux. Pour les deux peptides aucune activité hémolytique significative (<3%) n'a été observée jusqu'à 100 µg /ml (données non présentées).

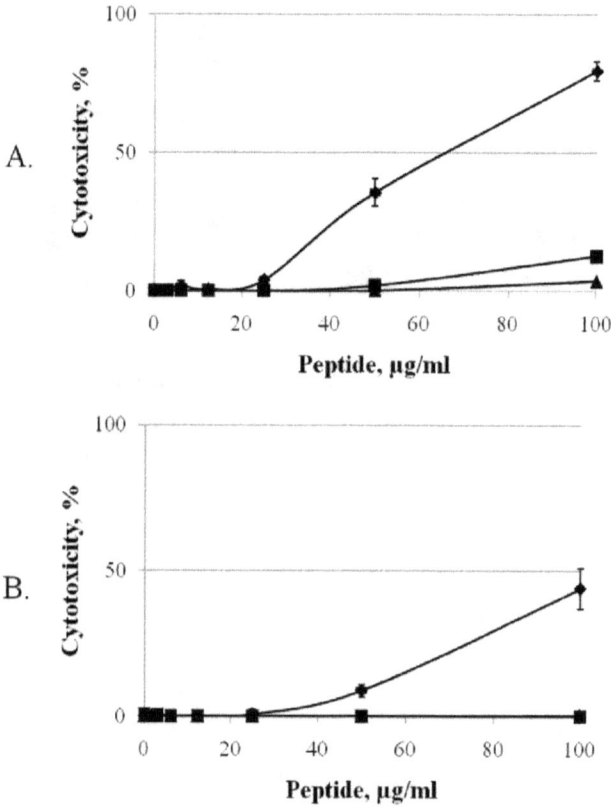

Figure 12. Activité cytotoxique de DEFA1, eCATH1 et de la nisine.
A) des cellules VERO CCL-81 et B) RK13 ont été incubées avec des quantités croissantes de DEFA1 (◆), eCATH1 (■) et de nisine comme contrôle non toxique (▲). La cytotoxicité a été mesurée par spectrophotométrie en utilisant le dosage de la libération de LDH.

Etude de la résistance

Après 50 transferts en série de   cultures de *R. equi* P103 P- en présence de concentrations sous-inhibitrices, la CMI finale de eCATH1 était légèrement plus élevée en comparaison avec la valeur déterminée initialement. La CMI du peptide a augmenté deux fois après 34 passages (400 générations), puis quatre fois après 43 passages (500 générations) et est resté stable jusqu'à la fin de l'expérience (50 passages). En comparaison, la résistance à la rifampicine ou l'érythromycine est apparue plus rapidement, après quatre passages (45 générations) ou 10 passages (115 générations), respectivement. La diminution de sensibilité de la souche à eCATH1 ne semblait être que transitoire puisque un seul passage dans un milieu sans peptide conduit à la réversion de la CMI de la souche parente (données non présentées).

4) Discussion

Giacometti et al. (1999, 2005a, 2005b) ont analysé l'activité de plusieurs PAMs ainsi que différents antibiotiques conventionnels sur *R. equi*. Les CMI de ces peptides sont comparables ou plus élevés que ceux de DEFA1 et eCATH1. En outre, eCATH1 a une activité bactéricide similaire à la vancomycine (CMB médiane: 4 µg /ml), utilisé pour traiter la rhodococcose chez l'homme et une activité supérieure à la rifampicine et la clarithromycine (CMB médiane: 32 µg/ml), couramment utilisés pour traiter la rhodococcose chez les poulains (*Giacometti et al., 1999, 2005a et 2005b*). Puisque DEFA1 est plus ou moins inefficace contre l'agent pathogène de la rhodococcose associé à *K. pneumoniae*, eCATH1 semble plus approprié en termes d'utilisation thérapeutique. Par conséquent, nous avons étudié sa tolérance à des concentrations salines physiologiques. Les activités de plusieurs PAMs diffèrent grandement en présence ou absence de sel (*Goldman et al., 1997, Travis et al., 2000*), mais eCATH1 est encore capable de tuer *R. equi* à de faibles concentrations micromolaires (également à des concentrations plus hautes de sel) malgré une légère diminution de l'activité bactéricide à des concentrations de chlorure de sodium physiologique. De plus, nous avons observé que la CMB de eCATH1 contre *R. equi* à des concentrations en sel de 150 mM était plus de 10 fois inférieure à la concentration cytotoxique pour des cellules épithéliales. En outre, eCATH1 n'est pas toxique pour les érythrocytes, ce qui rend ce peptide plus utile pour la thérapie. Ces données sont cohérentes avec les résultats de Skerlavaj et al . (2001) qui a également observé la tolérance au sel de eCATH1 et l'abscence de cytotoxicité contre les erythrocytes de cheval et l'homme.

Bell et al . ne préconisent pas l'utilisation de peptides antimicrobiens pour traiter des maladies humaines ou animales, car ils pourraient augmenter la sensibilité de l'hôte aux infections (*Bell et al., 2003*). Bien que les mécanismes de résistance aux PAMs aient été décrits dans des espèces bactériennes différentes (*Nizet et al., 2006*) , les souches naturellement sensibles sont peu susceptibles d' acquérir une résistance stable puisque les PAMs peuvent interagir avec les membranes sans sans cible spécifique; par conséquent, la résistance impliquerait des modifications biochimiques de l'ensemble de la membrane, encourir des coûts métaboliques probablementtrop élevé pour être maintenu sur plusieurs générations (*Zasloff et al., 2002, Zhang et al., 2005*). Seules quelques études ont été réalisées *in vitro* sur l'évolution expérimentale de la résistance après une exposition continue de peptide antimicrobien. Perron et al. ont exposé différentes souches de *Escherichia coli* et *Pseudomonas fluorescens* à des concentrations croissantes de pexiganan, un analogue synthétique de la magainine. La plupart des souches ont développé une résistance stable après 80 passages (*Perron et al., 2006*). Dans deux autres études, la diminution de la sensibilité des bactéries aux peptides antimicrobiens, quand détectable, a été trouvé modeste, a pris beaucoup plus de temps pour être sélectionnée en comparaison aux antibiotiques conventionnels, et était transitoire (*Marr et al., 2006, Steinberg et al., 1997, Zhang et al., 2005*) . Nos données sont conformes à ces études puisque seulement une légère diminution de la sensibilité (quatre fois) a été observée après 50 passages (580 générations). En revanche, lorsque nous avons testé des antibiotiques classiques dans les mêmes conditions de sélection, des mutants résistants à l'érythromycine et la rifampicine sont apparu au bout de 11 et 4 passages, respectivement. En outre, la diminution de sensibilité de la souche à eCATH1 a été renversée par un seul passage dans un milieu sans peptide. Bien que notre étude *in vitro* ait montré que l'acquisition de la résistance stable à eCATH1 par *R. equi* est peu probable, dans un cadre thérapeutique tout nouveau anti- infectieux doit être soigneusement contrôlé à nouveau dans la situation *in vivo*.

Fait intéressant, un effet synergique a été observé entre eCATH1 et l'inhibiteur de l'ARN polymérase, la rifampicine. Des études antérieures ont déjà signalé de telles interactions entre des PAMs et des antibiotiques hydrophobes (revu dans *Cassone et al., 2010*) et l'hypothèse a été émise que les PAMs permettent à l' antibiotique d'accéder à sa cible intracellulaire par perméabilisation de la membrane bactérienne. Par conséquent, les PAMs représentent un moyen d'améliorer l'activité des antibiotiques classiques mais plus encore ils pourraient s'attaquer au problème de la hausse des agents pathogènes multirésistants. DEFA1 et eCATH1 intéragissent tout deux avec les membranes des liposomes qui ont une charge nette de surface négative. En revanche, il n'y a pas d'interaction avec des liposomes avec une surface neutre. En outre, les liposomes testés étaient exempts de toutes protéines de membrane. Par conséquent, l'attraction électrostatique était apparemment suffisante et sans doute le seul responsable de la médiation de l'interaction initiale de DEFA1 et eCATH1 avec leurs membranes cible. DEFA1 a déjà un caractère de structure secondaire en feuillet β dans un environnement aqueux, eCATH1 est quant à lui linéaire. Les résultats des mesures de DC ont clairement montré que eCATH1 adopte une conformation en hélice α lors de l'interaction avec les membranes des liposomes. L'absence d'un effet de précipitation chez eCATH1 tel qu'observé pour DEFA1, indique que les deux peptides exercent différents mécanismes. Toutefois, selon la MEB, l'effet bactéricide comparable des deux peptides est apparu être médié par une perturbation rapide de la membrane de la bactérie. D'autres études sont nécessaires pour clarifier l'interaction de la structure et de l'activité / cytotoxicité qui pourrait aussi expliquer les différentes valeurs de la CMI, et la cytotoxicité des deux peptides.

En conclusion, le potentiel thérapeutique *in vitro* de DEFA1 pour le traitement de rhodococcose a été jugé plus faible que prévu principalement en raison de sa cytotoxicité mais aussi de son inefficacité à tuer *K. pneumoniae*. En revanche, eCATH1 s'est avéré être un candidat prometteur pour le développement d'un médicament approprié dans la lutte contre rhodococcose dans les co-infections et mérite de nouvelles recherches en vue de son potentiel *in vivo* en médecine humaine ou vétérinaire. En outre, parmi les autres peptides équins qui n'ont pas encore été étudiés *in vitro*, il pourrait y avoir d'autres candidats prometteurs pour le traitement de la rhodococcose et d'autres maladies infectieuses chez les humains et les animaux.

II.   Chapitre II: Activité de eCATH1 contre le pathogène intracellulaire *R. equi* dans un modèle expérimental de rhodococose chez la souris

1) Contexte de l'étude

R. equi est une bactérie intracellulaire facultative qui a la propriété, grâce à son plasmide de virulence, de survivre et de se multiplier dans les macrophages de l'hôte en arrêtant la voie normale de maturation du phagosome. En raison de la localisation intracellulaire de cette bactérie, seul un nombre limité de médicaments actifs *in vitro* contre l'agent pathogène peut être potentiellement utilisé dans le traitement de rhodococcose. Le premier objectif de l'étude était donc de déterminer si eCATH1, que nous avons démontré être très actif contre *R. equi* extracellulaire, était capable de tuer l'agent pathogène à l'intérieur des macrophages. Des études *in vitro* et *ex vivo* ont révélé que eCATH1 est capable de diminuer de manière significative le nombre de bactéries dans les macrophages. Le deuxième objectif de l'étude était d'évaluer le potentiel thérapeutique *in vivo* de eCATH1 comme traitement de la rhodococcose. Dans le chapitre I, nous avons précédemment montré que eCATH1 n'était pas toxique pour les cellules eucaryotes *in vitro* et était tolérant à une concentration physiologique de sel, par conséquent, l'activité et la toxicité de eCATH1 ont été évaluées chez des souris. Le pouvoir bactéricide du peptide a été conservé *in vivo* à des doses qui n'ont eu aucun effet nuisible pour les souris, même après 7 jours de traitement. En effet, les injections sous-cutanées quotidiennes de 1 mg / kg de poids corporel de eCATH1 conduit à une diminution significative de la charge bactérienne dans les organes tel qu'un traitement avec 10 mg / kg de poids corporel de rifampicine. Fait intéressant, l'interaction synergique démontrée *in vitro* entre eCATH1 et la rifampicine (Chapitre I) a été confirmé *ex vivo* et *in vivo*. Les résultats de cette étude ont été publiés dans le journal *Antimicrobial Agents and Chemotherapy* en 2013 :

Schlusselhuber M, Torelli R, Martini C, Leippe M, Cattoir V, Leclercq R, Laugier C, Grötzinger J, Sanguinetti M, Cauchard J.. The equine antimicrobial peptide eCATH1 is effective against the facultative intracellular pathogen *Rhodococcus equi* in mice. **Antimicrobial Agents and Chemotherapy**. 2013; 57(10):4615-21.

2) Matériel et méthodes

Lignée cellulaire, souche bactérienne, conditions de croissance et agents antimicrobiens utilisés dans l'étude.

La lignée cellulaire J774.2 de macrophages de souris (numéro de référence ECACC : 85011428) obtenue auprès de Sigma-Aldrich a été cultivée dans le milieu Dulbecco's modified Eagle (DMEM ; Gibco , Rockville , MD , USA) supplémenté avec 10 % (v/v) de sérum de veau foetal (SVF ; Pan Biotech GmbH , Aidenbach , Allemagne), 100 µg /ml de streptomycine, 100 unités / ml de pénicilline (milieu complet) et incubée à 37 ° C dans une atmosphère humidifiée contenant 5% de CO_2. Avant les essais, le nombre de cellules et la viabilité des cellules ont été déterminés par exclusion du colorant vital bleu Trypan. La souche *R. equi* ATCC 33701 VapA positive a été utilisée dans cette étude. La souche pure fraîchement décongelée a été cultivée dans le milieu Brain Heart Infusion (BHI ; BD Difco , Franklin Lakes , New Jersey , États-Unis) avant chaque expérience pour éviter la perte du plasmide de virulence. Les cultures ont été incubées en aérobiose à 37 ° C pendant 24 à 48 h. Pour l'infection de lignées cellulaires, les bactéries ont été mises en suspension avec un volume approprié de DMEM supplémenté avec 5 % de SVF. Le nombre réel de cellules a été confirmé en étalant des dilutions en série sur des géloses BHI. Pour l'inoculation des souris, les bactéries cultivées en bouillon BHI ont été récoltées par centrifugation à 3000 g à 4°C, lavées et remises en suspension dans du tampon phosphate salin (PBS , Gibco, Rockville , MD , USA) à la concentration bactérienne nécessaire.

Le peptide eCATH1 a été synthétisé chimiquement à un degré de pureté d'au moins 96% par GenScript USA Inc. (Piscataway, NJ, USA) et dissous dans 10 mM d'acide acétique à la concentration finale de 1 mg /ml. La solution stock de rifampicine a été préparée par dissolution de la poudre antibiotique (Ref R7382, Sigma-Aldrich, St. Louis, MO, USA) dans le méthanol à une concentration finale de 50 mg /ml. Les solutions mères d'antimicrobiens ont été stockées à -20 ° C jusqu'à utilisation.

Survie de *R. equi* dans la lignée cellulaire de macrophages murins

Avant l'utilisation des animaux, l'activité du peptide eCATH1 contre des rhodococci intracellulaires a été évaluée *in vitro*. Les monocytes / macrophage J774.2 ont été lavées avec du PBS, détachés par grattage et remises en suspension dans du milieu complet à une concentration cellulaire finale de 5 x 10^5 cellules/ml. Les monocytes ont été laissés s'attacher pendant 3 h des chambres 8 puits Lab-Tek (200 µl de suspension de cellules par puit) à 37°C dans une atmosphère humidifiée contenant 5% de CO_2. L'infection de cellules de mammifère a été effectuée par lavage des cellules avec du PBS avant d'ajouter 200 µl de suspension bactérienne (10^6 CFU/ml) par puit avec un rapport bactérie / monocytes de 2 :1. Les chambres ont été incubées 45 min à 37 ° C dans une atmosphère humidifiée contenant 5% de CO2 pour permettre l'opsonisation des rhodococci par le sérum. Les monocouches de cellules infectées ont été soigneusement lavées trois fois avec du PBS pour éliminer les bactéries non liées. Après le dernier lavage, 200 µl de DMEM supplémenté soit avec eCATH1 (concentration finale : 20 µg /ml) ou la même quantité de diluent du peptide (acide acétique à la concentration finale de 0,2 mM) a été ajouté à des cellules infectées, avant incubation à 37 ° C dans une atmosphère humidifiée contenant 5% de CO_2. Les bactéries intracellulaires viables ont été évaluées après 24 h par une coloration avec le kit LIVE/DEAD Baclight (Molecular Probes Europe BV , Leiden , Pays-Bas) dans une solution de saponine (concentration finale de 0,05% (m/v)) pour perméabiliser les membranes des macrophages comme précédemment décrit (*Thulin et al., 2006*). Les lames ont été examinées par microscopie à fluorescence (microscope Axioskop 40 , Zeiss). Le kit de viabilité bactérienne est composé d'iodure de propidium qui colore les cellules mortes en rouge et du Syto 9 qui colore les cellules viables en vert. Par conséquent, les noyaux des macrophages perméabilisés apparaissent en rouge. Avant l'expérience, l'effet de 20 µg /ml de peptide eCATH1 sur l'intégrité de la membrane plasmique de la lignée de cellules J774.2 a été évaluée par le dosage de la libération de la lactate déshydrogénase (LDH) après 24 h de traitement. Cent pour cent de lyse a été réalisé en utilisant 1 % (vol / vol) de Triton X100. Le dosage de la LDH a été réalisé selon les instructions du fabricant en utilisant un kit disponible dans le commerce (TOX - 7 , Sigma -Aldrich , Saint Louis , MO , USA).

Etudes avec les animaux

Des souris BALB/c exempts d'agents pathogènes (Harlan Italy Srl, San Pietro al Natisone, Udine, Italie) ont été logés avec un accès libre à l'eau et la nourriture norme de la souris à l'animalerie de l'Université du Sacré-Cœur (Rome, Italie). Tous les animaux utilisés pour les expériences étaient des femmelles de 10 semaines, pesant environ 20-25 g. Pour les besoins des essais, les animaux ont été sacrifiés par dislocation cervicale. Les expériences sur les animaux ont été effectuées selon un protocole approuvé par le Comité d'éthique de l'Université Catholique du Sacré-Coeur, Rome, Italie (numéro de permis: N21, 12/05/2010) et autorisé par le ministère italien de la Santé, selon le décret législatif 116/92, qui a mis en œuvre la directive européenne 86/609/CEE relative à la protection des animaux de laboratoire en Italie. Le bien-être animal a été systématiquement vérifié par des vétérinaires du Service de protection des animaux.

Survie de *R. equi* dans des macrophages péritonéaux de souris

La survie de *R. equi* dans des macrophages péritonéaux de souris après traitement avec eCATH1, la rifampicine, ou eCATH1 combiné avec la rifampicine a été évaluée en utilisant un modèle *ex vivo* de l'infection, comme décrit précédemment (*Verneuil et al., 2004, Gentry-Weeks et al., 1999*) . Brièvement, les souris ont été infectées avec 10^7 à 10^8 CFU de *R. equi* par injection intrapéritonéale. Après une période de 8h après infection, les macrophages péritonéaux ont été recueillis par lavage peritoneal, centrifugés, et mis en suspension dans du DMEM contenant 10 mM d'HEPES, 2 mM de glutamine, 10% (v /v) de SVF et 1x d'acides aminés non essentiels, complétée avec la vancomycine (10 µg /ml) et de la gentamicine (150 µg /ml). La suspension de cellules a été distribuée dans des plaques 24 puits avant incubation à 37 ° C sous 5% de CO_2 pendant 2 heures. Après exposition à des antibiotiques pour tuer les bactéries extracellulaires (c'est à dire, à 10 h post-infection), les macrophages infectés ont été lavés, et trois puits de macrophages ont été lysées avec un détergent. Après dilution avec du bouillon BHI, les lysats ont été étalés sur gélose BHI pour quantifier les bactéries intracellulaires viables. Les puits restants contenant des macrophages infectés ont été maintenus dans du DMEM et traités avec eCATH1 (20 µg ml), rifampicine (0,5 , 5 et 10 µg / ml) , ou eCATH1 (20 µg/ml), combiné à la rifampine (5 µg /ml) pendant toute la durée de l'expérience. A 24 h post- infection, le surnageant a été éliminé de chaque puit, et les bactéries intracellulaires ont été quantifiées par comptage sur gélose BHI. Avant l'expérience, la toxicité de la rifampine et de eCATH1 sur les macrophages péritonéaux de souris a été évaluée avec un intervalle de concentration allant jusqu'à 80 µg / ml dans le but de déterminer la concentration des agents antimicrobiens utilisés dans l'étude. Pour évaluer la viabilité des cellules, les macrophages traités pendant 24 h ont été analysés en utilisant le test AlamarBlue (Invitrogen, Milan, Italie) selon les instructions du fabricant.

Activité de eCATH1 sur des souris infectées par *R. equi*

L'activité du peptide eCATH1 seul et en combinaison avec la rifampicine a été évaluée sur la rhodococcose induite chez la souris. Avant les essais thérapeutiques, l'élimination naturelle de *R. equi* des organes a été établie dans nos conditions expérimentales pour déterminer les points temporels de traitement et la dose sublétale. Brièvement, dix souris par groupe ont été inoculées par voie intraveineuse avec 10^7, 10^8 et 10^9 CFU de *R. equi* et deux animaux de chaque groupe ont été sacrifiés aux jours 1 , 2 , 6, 8 , et 10 post- infection pour déterminer le nombre de bactéries dans le foie , la rate , et les poumons. La voie intraveineuse a été choisie sur la base des travaux deTakai et al. , qui fait état d'une virulence plus élevée de la souche *R. equi* ATCC 33701 par cette voie par rapport à la voie intra-péritonéale (*Takai et al., 1992*). Toutes les souris ont été surveillées pour leur survie tout au long de la période expérimentale. D'après ces résultats préliminaires, les souris ont été infectées par voie intraveineuse avec 200 µl d'une dose sub-létale (10^8 UFC) de *R. equi*. Les essais thérapeutiques sur des souris BALB / c ont débuté un jour après l'inoculation bactérienne afin de laisser l'infection s'installer et les symptômes apparaitrent avant le l'élimination naturelle de *R. equi* des organes de souris. Les solutions mères d'antibiotiques étaient fraîchement diluées de manière appropriée dans du chlorure de sodium isotonique avant l'injection sous-cutanée de 200 µl aux animaux. Les souris infectées ont été traitées une fois par jour avec eCATH1 (1 mg / kg de poids corporel, groupe I), rifampicine (10 mg/kg de poids corporel, groupe II), une combinaison des deux, dans les mêmes concentrations que celles mentionnées ci-dessus (groupe III), ou le même volume de chlorure de sodium isotonique (groupe de contrôle) pendant 7 jours. Les doses, la périodicité et la voie d'injection ont été choisis sur la base de rapports précédents (*Nordmann et al., 1992, Cirioni et al., 2008, Sharma et al, 2000*). Cinq souris par groupe ont été sacrifiées a 1, 4, et 8 jours après l'infection (c'est-à-dire au début, en milieu et en fin de traitement) et leur rate et le foie ont été prélevés de façon aseptique. Les organes ont été pesés et homogénéisés séparément dans du PBS. La concentration en *R. equi* dans les organes (CFU / g) a été déterminée en étalant des dilutions en série des homogénats de tissus sur gélose BHI . Les plaques ont été incubées à 37 ° C pendant 24 à 48 h avant le dénombrement des bactéries.

Toxicité *in vivo* toxicity de eCATH1

Des souris non infectées ont été utilisées pour évaluer la toxicité *in vivo* de eCATH1 par l'analyse du comportement et analyse histopathologique. Cinq souris ont été traitées une fois par jour avec eCATH1 pendant 7 jours (1 mg /kg de poids corporel) par voie sous-cutanée et un deuxième groupe de cinq souris non traité a été utilisé en tant que groupe de contrôle. Toutes les souris ont été suivies pour leur survie et la présence d'effets secondaires liés à la drogue (signes locaux d'inflammation, perte de poids, diarrhée et altération du comportement) pendant la période expérimentale. Les souris ont été sacrifiées au bout de 7 jours de traitement, et les organes ont été retirés de manière aseptique (intestin, rate, foie, poumon, rein et estomac). Des échantillons de tissus ont été fixés dans une solution de formaldéhyde 3,7%, traités pour inclusion dans la paraffine et colorés à l'hématoxyline / éosine avant l'analyse au laboratoire vétérinaire d'anatomie pathologique (Amboise, France) par des pathologistes.

Statistiques

Les expériences *ex vivo* et *in vivo* ont été réalisées en triple et en double, respectivement, et les résultats ont été soumis à une analyse statistique en utilisant une analyse unidirectionnelle de variance (Anova) avec une correction post-test de Bonferroni avec GraphPad Prism version 5.04 pour Windows (GraphPad Software, San Diego, CA).

3) Résultats

Survie de *R. equi* dans une lignée cellulaire de macrophages après addition de eCATH1.

Avant l'évaluation de l'activité bactéricide du peptide eCATH1 sur *R. equi* à l'intérieur de macrophages de souris J774.2, les effets du peptide sur l'intégrité de la membrane plasmique des cellules hôtes ont été évalués par le test de libération de LDH. A une concentration de 20 µg /ml, eCATH1 exerce aucun effet cytotoxique détectable sur les cellules J774.2 (données non présentées).

L'activité de eCATH1 contre l'agent pathogène intracellulaire a été évaluée par microscopie à fluorescence. Les macrophages J774.2 ont été infectés avec *R. equi* pendant 45 minutes, et les cellules ont ensuite été incubées pendant 24 h avec soit 20 µg/ml de eCATH1 ou le solvant du peptide (témoin négatif). Le marquage fluorescent des *R. equi* intracellulaire avec le kit de viabilité LIVE/DEAD BacLight a révélé de nettes différences dans la survie des bactéries à l'intérieur des macrophages entre les deux conditions. En effet, très peu de macrophages se sont avérés être infectés, en présence de peptide, et ces cellules contenaient un nombre sensiblement plus faibles de bactéries viables (colorées en vert) comme observé dans le témoin négatif (Figure 13). En outre, le nombre total de macrophages était plus élevé en présence de eCATH1 par rapport à l'échantillon non traité. Dans le témoin négatif, aucune bactérie morte (colorées en rouge) n'a été observé, ce qui indique que la souche virulente utilisée dans cette étude est capable de survivre avec succès à l'intérieur des macrophages (Figure 13 c , d). En présence de peptide, aucune bactérie morte n'a été observé également, mais cela est probablement le résultat d'une lyse rapide des bactéries par le peptide. Des bactéries extracellulaires ont été observées dans le contrôle négatif, mais pas dans l'échantillon traité. Avant d'ajouter le peptide ou son solvant, les cellules infectées ont été lavées soigneusement plusieurs fois pour éliminer toutes les bactéries non internalisés.

Par conséquent, la présence de bactéries extracellulaires peut être du soit à la mort nécrotique des macrophages après multiplication des bactéries pendant 24 h, soit à l'action chimique de la saponine sur la membrane des macrophages libérant des bactéries ou à une rupture mécanique des membranes eucaryotes par le positionnement de la lamelle.

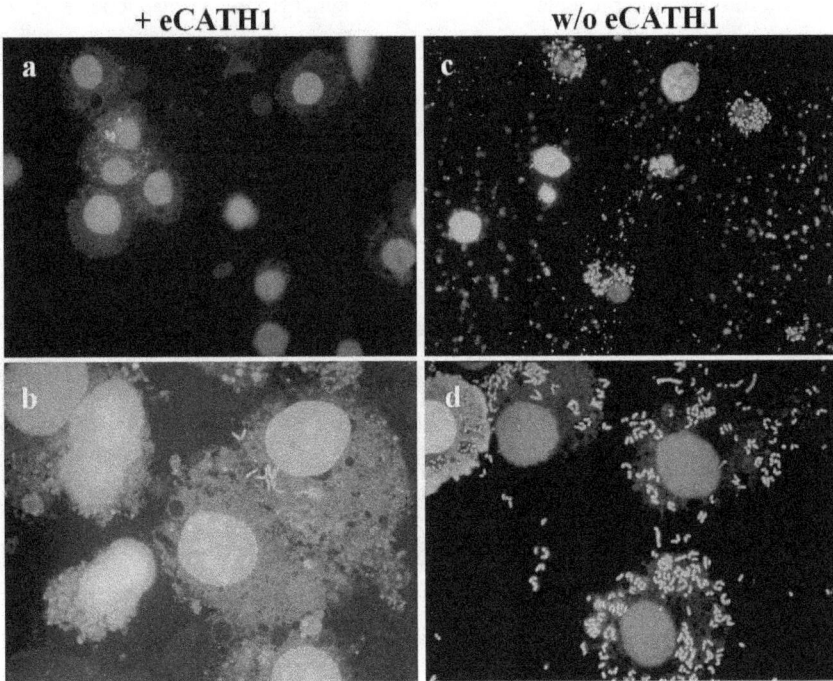

Figure 13. **Activité de eCATH1 contre Rhodococcus equi intra-macrophage observée par microscopie à fluorescence**.
La lignée cellulaire de macrophages J774.2 a été infectée par une souche virulente de *R. equi* pendant 45 min et ensuite traitée avec 20 µg/ml de eCATH1 (panneau de gauche) ou le diluant du peptide en tant que témoin négatif (panneau de droite) pendant 24 heures. Suite à la perméabilisation des membranes eucaryotes par la saponine, la viabilité de rhodococci a été évaluée par coloration avec un kit de viabilité bactérienne (cellules viables en vert et cellules mortes en rouge). Micrographies représentatives prises à un grossissement x 400 (a et c) et x 1000 (b et d) avec un microscope à fluorescence.

Survie de *R. equi* dans des macrophages murins péritonéaux

Pour confirmer l'étude *in vitro*, des expériences *ex vivo* complémentaires ont été effectuées. Pour cela, les macrophages de souris ont été infectés naturellement *in vivo* et collectées pour subir un traitement *in vitro* avec eCATH1 et la rifampicine avant détermination des UFC (unité formant colonie). Puisque les deux agents antimicrobiens ont présenté une interaction synergique *in vitro* contre *R. equi* extracellulaire (*Schlusselhuber et al., 2012*), la combinaison eCATH1 / rifampicine a également été évaluée dans le modèle *ex vivo*. Au préalable de l'expérience *ex vivo*, la cytotoxicité de eCATH1 et de la rifampicine sur des macrophages péritonéaux de souris a révélé que, de façon similaire à la lignée cellulaire de J774.2, eCATH1 ne présente pas de toxicité significative à 20 µg/ml, tandis que la rifampicine a montré une toxicité importante à 20 µ /ml (données non représentées, ANOVA essai $p < 0,05$). Les concentrations d'antimicrobiens utilisées dans l'expérience *ex vivo* ont donc été choisies en tant que 20 µg /ml de peptide eCATH1 et 0,5 , 5 et 10 µg ml pour la rifampicine. Appuyant les données *in vitro*, on a observé que eCATH1 entraine la mort significative ($p < 0,001$) de *R. equi* intracellulaire à une concentration de 20 µg /ml après 14 h de traitement, soit environ 60 % de diminution de R. equi dans les macrophages par rapport au témoin (Figure 14).

Le même taux de bactéries tuées a été trouvé pour 5 µg ml de rifampicine. Fait intéressant, la combinaison des deux agents antimicrobiens a conduit à une diminution encore plus importante du nombre global de *R. equi* résidant dans les macrophages (environ 90%, $p < 0,00001$) (figure 14). Cependant, à partir de ces données, il n'a pas été possible de conclure s'il s'agit d'une synergie ou seulement d'un effet additif.

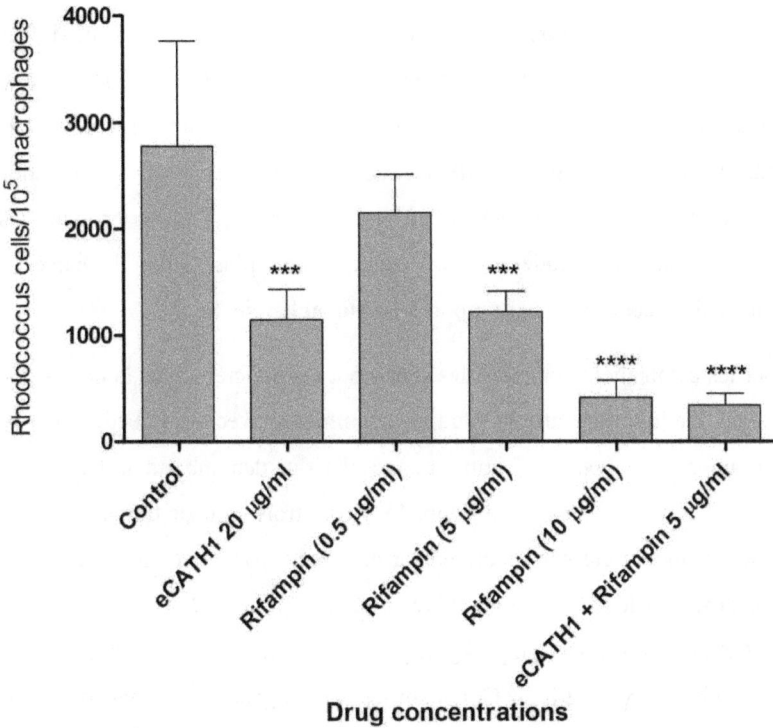

Figure 14. Activité bactéricide de eCATH1 contre *Rhodococcus equi* résidant à l'intérieur de macrophages péritonéaux murins.
Après l'infection des souris avec une souche virulente de *R. equi*, les macrophages péritonéaux ont été recueillis. Les macrophages infectés ont ensuite été traités avec eCATH1 (20 µg /ml), la rifampicine à différentes concentrations ou la combinaison des deux antimicrobiens (20 µg /ml eCATH1 + 5 µg /ml de rifampicine). La survie de *R. equi* à l'intérieur des macrophages a été évaluée 24 heures après l'infection par dénombrement. Les résultats sont exprimés comme le nombre de bactéries pour 10^5 macrophages. Les expériences ont été effectuées en triplicat et exprimées par la moyenne ± écart type; résultats significatifs pour *, p <0,05; **, p <0,01; *** p <0,001; **** p <0,00001.

Activité de eCATH1 chez des souris infectées par *R. equi*

Avant la réalisation des essais thérapeutiques, l'élimination naturelle de *R. equi* des organes de souris pour différents inoculums bactériens (10^7 à 10^9 UFC) a été évaluée (données non présentées). L'injection intraveineuse de 10^9 UFC de *R. equi* a conduit à la mort des souris après 2 à 4 jours. En revanche, un inoculum de 10^8 CFU a conduit à l'apparition des symptômes 1 à 6 jours post-infection, la multiplication *in vivo* de l'agent pathogène, et une élimination progressive des bactéries à partir de la rate, le foie et les poumons au bout de 4 jours. Par conséquent, cette dose sublétale a été choisie pour les essais thérapeutiques. De plus, le poumon n'a pas été utilisé pour le comptage bactérien dans les essais thérapeutiques de l'étude car une concentration plus faible de bactéries a été trouvée dans cet organe par rapport à la rate ou le foie.

Pour les essais thérapeutiques, les souris ont été infectées avec la dose sublétale de *R. equi*. Un jour plus tard, la thérapie a commencé avec des injections quotidiennes d'antimicrobiens pendant 7 jours. Les résultats de dénombrement CFU dans la rate et le foie sont présentés sur la figure 15. Après trois jours de traitement, les charges bactériennes ont été significativement diminuées par comparaison avec le témoin dans la rate et le foie d'une manière similaire. En effet, 1mg/kg de poids corporel de eCATH1 ainsi que 10 mg / kg de poids corporel et de la rifampine ont conduit à une diminution de ~ 2 $\log_{10}$ CFU dans les deux organes (soit > 99%) par rapport au témoin. eCATH1 associé à la rifampicine (1 mg / kg et 10 mg / kg de poids corporel, respectivement) a montré la plus forte activité antimicrobienne chez les souris avec une diminution d'environ 3 $\log_{10}$ CFU dans les organes (soit 99,9%).

Toxicité *in vivo* du peptide eCATH1

L'injection quotidienne de 1 mg / kg de poids corporel de eCATH1 pendant 7 jours n'a pas entraîné de changements de comportement, de différences de poids corporel ou toute preuve clinique d'effets indésirables liés à l'antimicrobien (données non présentées). En outre, l'analyse histopathologique effectuée sur l'intestin, la rate, foie, poumon, rein et de estomac de souris traitées et non traitées n'ont pas révélé de modifications histologiques entre les groupes (Figure 16).

A.

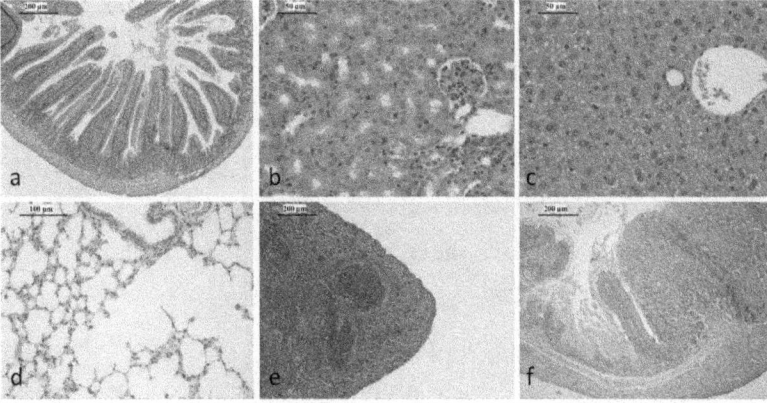

B.

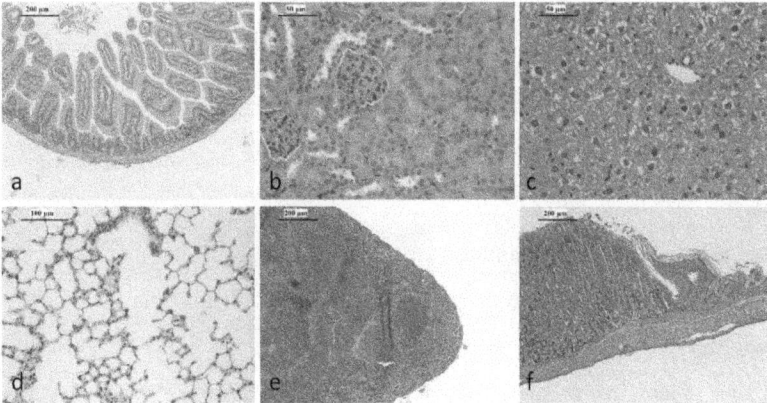

Figure 15. Coloration à l'hématoxyline & éosine d'organes des animaux témoins (A) et des souris recevant une dose journalière sous-cutanée de 1 mg / kg de eCATH1 pendant 7 jours (B).

Des exemples représentatifs de coupes hystologiques sont présentés. Sections a) d'intestin grêle, b), reins, c) foie, d) poumon, e) rate et f) estomac.

4) Discussion

Les données présentées dans cette étude représentent la première démonstration de propriétés anti-*R. equi* intracellulaires d'un peptide antimicrobien par application d'expérimentations *in vitro*, *ex vivo* et *in vivo*. En effet, les présente études *in vitro* et *ex vivo* ont démontré que eCATH1 reste actif contre les bactéries résidant à l'intérieur de la cellule hôte cependant une concentration plus forte est nécessaire pour atteindre le pathogène intracellulaire. Ces résultats confirment des travaux similaires pour des espèces de *Mycobacterium*. Sharma et al. Démontra *in vitro* l'activité bactéricide directe du peptide neutrophile humain (HNP- 1) contre *Mycobacterium tuberculosis* intracellulaire. Le nombre de cellules par macrophage a été réduite de 1 $\log_{10}$ avec 20 µg /ml et de 2 $\log_{10}$ avec 40 µg /ml de peptide après trois jours de traitement (*Sharma et al., 2000*) . Plus récemment, Jena *et al.* , rapporte l'activité de la NK- 2, un peptide raccourci dérivé de la NK- lysine porcine, contre *Mycobacterium smegmatis* intracellulaire. Cette étude a révélé que 10 µM de peptide (~ 30 µg / ml) diminue le nombre de bactéries par macrophage d'environ 40 % au bout de 8 h de traitement (*Jena et al., 2011*).

A partir du modèle murin de rhodococose, la principale conclusion est que eCATH1 reste efficace contre l'agent pathogène intracellulaire facultatif. Fait intéressant, le peptide semble être plus actif *in vivo* que *in vitro* en comparaison à l'activité de la rifampine. *In vitro,* une concentration quatre fois inférieure de rifampicine a entraîné une diminution similaire de rhodococci par macrophages par rapport à eCATH1, tandis que *in vivo*, une concentration dix fois plus élevée de rifampine que de peptide est nécessaire pour diminuer de façon égale la charge bactérienne dans les organes. Auparavant, des données similaires ont été rapportées par Sharma et al. , (2001). Aussi peu que 1-5 µg de HNP-1 par souris réduit l'infection de la tuberculose alors que 40 µg/ml de peptide est nécessaire pour tuer les mycobactéries intramacrophage dans des expériences *ex vivo* (Sharma et al., 2000 et 2001). Ces observations peuvent indiquer que eCATH1 a un effet plus complexe *in vivo* que *in vitro*. Comme précédemment soulevé par Sharma et al. , nous émettons l'hypothèse que l'activité *in vivo* du peptide eCATH1 est une combinaison de i) propriétés immunomodulatrices menant à une mise à mort des bactéries de manière indirecte et ii) d'un effet léthal direct sur les bactéries intra- et extracellulaires. Certains rapports dans la littérature sur les propriétés immunomodulatrices de cathélicidines bovines et humaines pourraient soutenir notre hypothèse. La cathélicidine humaine LL-37 exerce une activité chimio-attractive sur les cellules immunitaires par interaction directe avec les granulocytes et les cellules mononucléées et des récepteurs par l'induction de la production de chimiokines, qui augmentent hypothétiquement le nombre de neutrophiles et de monocytes aux sites d'infection (*Yang et al., 2000, Niyonsaba et al., 2002, Bowdish et al., 2004 et 2005, Mookherjee et al., 2006*). Fait intéressant, certaines cathélicidines bovines ont également été trouvées être chemoattractantes pour les neutrophiles et avait la propriété d'augmenter les propriétés de phagocytose et de dégranulation des cellules (BW Paget , JL Harper et BJ Haigh , présenté lors du 3e symposium sur les peptide antimicrobien , Lille , France , 13 15 Juin 2012) . Par ailleurs, les macrophages ont la capacité d'absorption des granules de neutrophiles apoptotiques pour acquérir des PAMs qui trafiquent via les endosomes précoces vers les agents pathogènes contenus dans des vacuoles intracellulaires où ils exercent leur activité bactéricide (*Tan et al., 2006*). La chimio-attraction des cellules immunitaires telles que les neutrophiles par eCATH1 pourrait limiter la propagation de l'infection de *R. equi* chez l'hôte d'une manière similaire. En outre, cette hypothèse serait en accord avec l'observation que les neutrophiles sont critiques pour le contrôle de rhodococccose (*Martens et al. 2005*). Néanmoins, les propriétés immunomodulatrices de eCATH1 restent à élucider pour une meilleure compréhension de l'activité *in vivo* de ce peptide.

Le mécanisme par lequel les PAMs appliqués de manière exogène pourraient accéder à des bactéries intracellulaires n'est pas entièrement comprise. Certains indices, cependant, ont d'abord été donnés par Sharma et al . , en 2000. Le peptide étudié se localise initialement au niveau de la membrane des macrophages, puis à l'intérieur de la cellule (*Sharma et al ., en 2000*). Dans une voie similaire à celle de l'absorption des PAMs de neutrophiles par les macrophages comme décrit ci-dessus (*Tan et al., 2006*), eCATH1 pourrait être internalisé par les macrophages dans les endosomes précoces qui favoriseraient la fusion avec les vacuoles contenant *R. equi*, où le peptide peut exercer son activité bactéricide.

Fait intéressant, la légère interaction positive entre eCATH1 et la rifampicine contre les rhodococci extracellulaire décrite précédemment, a été observée contre la bactérie intracellulaire facultative également *in vivo* (*Schlusselhuber et al., 2012*). Nos observations sont en accord avec les travaux de Cirioni et al . , qui ont également signalé un effet synergique entre la rifampicine et des PAMs en hélice α (magainine II et cécropine A) dans des modèles d'infection à *Pseudomonas aeruginosa* chez le rat (*Cirioni et al., 2008*). L'hypothèse a été émise que les PAMs permettent à la rifampicine, un inhibiteur de l'ARN polymérase, d'accéder à sa cible intracellulaire par perméabilisation de la membrane bactérienne (*Schlusselhuber et al., 2012, Cassone et al., 2010*).

La dégradation *in vivo* par des protéases, l'inactivation par une concentration physiologique en sérum, l'élimination rapide par les reins et la toxicité sont souvent décrits dans la littérature comme des facteurs limitants majeurs qui entravent le développement de PAMs pour des applications thérapeutiques. Dans la présente étude, nous avons prouvé que l'activité bactéricide de eCATH1 est conservée *in vivo* à des doses qui pourraient être compatibles avec une utilisation en clinique, sans effets néfastes détectables pour l'hôte même après 7 jours d'injections quotidiennes en sous-cutanées. Les résultats de la toxicité *in vivo* et l'activité présentée ici sont en accord avec nos précédentes études sur eCATH1. En effet, nous avons récemment rapporté que l'activité *in vitro* de eCATH1 n'est pas été entravée par la concentration physiologique en sel, et que le peptide n'est pas toxique pour divers types de cellules de mammifères *in vitro* (*Schlusselhuber et al., 2012*).

Prises ensemble, nos données suggèrent que eCATH1 pourrait être un modèle utile pour une molécule thérapeutique afin de traiter la rhodococcose à la fois chez les équidés et chez les humains en plus des antibiotiques.

DISCUSSION GENERALE, CONCLUSION ET PERSPECTIVES

Le syndicat de l'industrie du médicament et réactif vétérinaires (SIMV) a récemment souligné le nombre limité de médicaments disponibles pour les équidés et la difficulté à développer de nouveaux médicaments pour ces espèces. La propagation de la résistance aux antibiotiques est donc encore plus préoccupante chez les équidés puisque très peu de médicaments alternatifs sont disponibles sur le marché. Le premier obstacle au développement est dû à la taille du marché des médicaments vétérinaires, en particulier pour les équidés, qui est plus petit que celui de médicaments à usage humain (< 5 %) ce qui augmente les coûts de production et diminue les profits (326). De plus , en Europe , le cheval est considéré comme une denrée alimentaire destinée à la consommation humaine (viande et lait) conduisant à des règlements plus sévères pour l'introduction de nouveaux médicaments sur le marché pour cette espèce (326). Pour ces raisons, le nombre de médicaments anti-infectieux disponibles pour les équidés est extrêmement limité et très peu de nouveaux produits vétérinaires sont introduits sur le marché. Par exemple, en 2011, seuls 14 produits (dont les médicaments) ont été introduite pour les équidés contre 246 pour les animaux de compagnie et 103 pour le bétail (327). Malgré la faible attractivité du marché équin des anti infectieux pour l'industrie pharmaceutique, SIMV identifie des besoins prioritaires identifiés comme de nouveaux antibiotiques en particulier contre rhodococcose, une maladie infectieuse majeure de poulains (326).

Dans ce contexte, l'objectif de ce travail de thèse est de proposer des médicaments de substitution aux antibiotiques conventionnels, en tenant compte de l'état actuel de l'évolution de la résistance aux antibiotiques, pour le traitement des principales maladies infectieuses du cheval avec un accent particulier sur rhodococcose. Les peptides antimicrobiens sont considérés aujourd'hui comme des anti-infectieux prometteurs, par conséquent, le potentiel thérapeutique de certains peptides équins contre les agents pathogènes de chevaux a été évaluée (128). Initialement, les peptides équins les plus prometteurs (c'est à dire la cathelicidine eCATH1 et l'α-défensine DEFA1) ont été évalués pour leur potentiel thérapeutique *in vitro* contre R.

equi et les pathogènes associés, *K. pneumoniae* et *S. zooepidemicus* (chapitre I). Par la suite, les études se sont concentrées sur eCATH1 en raison de la cytotoxicité et de l'inefficacité contre K. *pneumoniae* de DEFA1. eCATH1 s'est avéré être un candidat très prometteur comme anti infecieux de substitution pour le traitement de rhodococcose. En effet, le peptide est capable de tuer des cellules de *R. equi* extracellulaires à de faibles concentrations micromolaires dont les souches résistantes aux antibiotiques classiquement utilisés dans le traitement de la rhodococcose (macrolides et/ou la rifampicine). En outre, eCATH1 est également efficace contre les bactéries pathogènes associées, et son activité contre les rhodococci intramacrophage a été démontrée. Fait intéressant, le peptide a été plus efficace chez le modèle murin d'infection que la rifampicine, sans induire de toxicité à des doses thérapeutiques et les deux anti-infectieux ont présenté une interaction positive pour tuer *R. equi* intramacrophage *in vivo*. Dans le chapitre II, nous faisons l'hypothèse que des propriétés d'immunomodulatrice indirectes et / ou directes de eCATH1 pourraient être impliquées dans l'activité *in vivo* du peptide. En effet, comme précédemment démontré pour des cathélicidines humaines et bovines, eCATH1 pourrait être capable de chimioattirer, au niveau du site de l'infection, les cellules immunitaires telles que les granulocytes (par exemple les neutrophiles) et les cellules mononucléées (par exemple, monocytes), soit par interaction directe avec les récepteurs membranaires de ces cellules ou l'induction de la production de chimiokines. En outre, LL-37 et certaine cathélicidines bovines ont la propriété de renforcer les activités de dégranulation des neutrophiles (278, 416). En prenant en considération que les macrophages ont la capacité d' absorber le contenu des granules des neutrophiles apoptotiques pour tuer les bactéries intracellulaires, et que les neutrophiles se sont révélés être critiques pour l'issue de l'infection à *R. equi* chez la souris, il pourrait être intéressant d'étudier les propriétés immunomodulatrices de eCATH1 en particulier sur les neutrophiles (229, 348). Comme perspectives à court terme, l'activité du peptide sur les neutrophiles équins pourrait facilement être étudiée, tel qu'effectué précédemment pour des cathélicidines bovines (278). En effet, la chimio-attraction peut être évaluée par l'utilisation de chambres de Boyden tandis que l'induction de la dégranulation peut être évaluée en mesurant l'activité des enzymes typiques des granules primaires, secondaires et grandes dans le surnageant de neutrophiles après un traitement avec le peptide.

De plus, des échantillons de sérum de toutes les souris utilisées dans l'étude *in vivo* présentée dans le chapitre II (souris traitées ou non avec eCATH1, traitées ou non avec la rifampicine, et infectées ou non avec *R. equi*), ont été collectés et stockés pour une analyse plus approfondie du profil de cytokine. L'analyse de ces échantillons pourrait démontrer une induction spécifique par le peptide de cytokines et identifier putativement, une réponse liée à T_{H17}, T_{H2} ou T_{H1}. En effet, les lymphocytes naïfs helper (T_{H0}) peuvent se différencier en T_{H1} pour soutenir l'immunité à médiation cellulaire (essentiel pour le contrôle des pathogènes intracellulaires), T_{H2} qui médie la réponse humorale (aide à activer les lymphocytes B résultant en la production d'anticorps) ou T_{H17} (médie le recrutement des neutrophiles et des macrophages vers les tissus infectés). Dans le cas du pathogène intracellulaire facultatif *R. equi*, une induction de la réponse T_{H1} par eCATH1 pourrait être très intéressante.

La rhodococcose chez les poulains est traitée généralement pendant 4 à 9 semaines avec de la rifampicine en association avec un macrolide (érythromycine ou l'azithromycine), entre autres, pour éviter la sélection de souches résistantes à la rifampicine. L'érythromycine est administrée à 25 mg / kg de poids corporel et 4 fois par jour, tandis que la rifampicine et l'azithromycine ont administrés une fois par jour à une dose de 10 mg / kg (62). En raison du prix de ces antibiotiques et du poids des poulains (100 kg à 1 mois et 250 kg à 6 mois), le coût total du traitement peut être évalué. En effet, pour 9 semaines de traitement, une combinaison rifampicine avec l'érythromycine coûterait de 550 à 1380 € tandis qu'une combinaison avec l'azithromycine coûterait de 218 à 544 € (voir annexe 1). Dans notre étude, la dose de eCATH1 nécessaire pour exercer la même activité que la rifampicine chez des souris était 10 fois plus faible pour la même périodicité d'administration que pour cet antibiotique (10 mg / kg vs 1 mg / kg une fois par jour). Par extrapolation, le traitement d'un poulain avec le peptide nécessiterait de 6,3 à 15,7 g de eCATH1 (en fonction du poids de l'animal) pendant 9 semaines, 10 fois moins que la rifampicine (sans compter la combinaison avec un autre médicament). De ce point de vue, la dose de eCATH1 serait compatible avec une utilisation clinique. Cependant, la production du peptide par synthèse chimique en utilisant la chimie FMOC est extrêmement coûteuse (~ 17 000 € / g) et, par conséquent, le procédé de production actuel de eCATH1 n'est pas viable pour le traitement des poulains. Pour cette raison, l'étude d'un procédé de production en grande quantité et à faible coût semble être essentiel pour évaluer d'abord l'activité de eCATH1 chez les poulains dans des essais thérapeutiques, puis pour une utilisation potentielle en tant qu'agent thérapeutique. Le défi est grand car il est largement reconnu que la production de PAMs est difficile et qu'elle représente souvent un facteur limitant majeur pour leur utilisation en tant qu'agents thérapeutiques. D'autres points peuvent être évoqués afin de diminuer le coût du traitement. En effet, les doses et la périodicité de l'administration d'eCATH1 à des animaux peuvent être optimisées par l'étude de la pharmacocinétique du peptide. En outre, la stabilité *in vivo* pourrait être améliorée par la substitution d'acide aminés D, par exemple, comme démontré précédemment pour augmenter la résistance à la dégradation protéolytique d'un peptide (8, 362, 379).

Le spectre d'action des PAMs est connu pour être large. En effet, outre leur activité antibactérienne connue, certains peptides se sont également révélés être très actif contre divers virus, parasites et / ou champignons. L'étude du spectre d'action des PAMs équins pourrait être étendu aux principaux virus et parasites équins (les champignons ne semblent pas être des agents pathogènes majeurs pour les chevaux). Par exemple, l'activité contre le protozoaire parasite *Babesia caballi* et *Theileria equi* qui sont responsables de la piroplasmose équine pourrait être évaluée ainsi que l'activité antivirale contre les principaux agents pathogènes des chevaux: anémie infectieuse, grippe, artérite, virus de l'herpès et le rotavirus.

Les peptides prometteurs pourraient être évalués pour leur cytotoxicité avant d'évaluer leur potentiel thérapeutique *in vivo*. De plus, il pourrait être intéressant de résoudre la structure de chaque peptide équin prometteur (y compris eCATH1) et de caractériser leur mode d'action . En outre, l'activité sur les biofilms bactériens pourrait être d'un grand intérêt à étudier également, car la production de biofilm est associée à diverses conditions pathologiques chez les chevaux et les humains qui peuvent conduire à des problèmes de guérison des plaies et des complications potentiellement mortelles (20, 112, 388). Les biofilms sont extrêmement difficiles à résoudre car les antibiotiques n'ont pas d'activité contre le biofilm en lui-même et ils ont une efficacité limitée sur les bactéries contenues par cette structure, mais certains PAMs se sont avérés être très actifs sur la biofilms et certains sont actuellement en cours d' essais cliniques (8, 32, 90, 339). Des complications nosocomiales dues aux biofilms bactériens chez l'homme sont largement observés, on peut imaginer que les perspectives à long terme seraient donc d'étendre les essais à des bactéries pathogènes cliniquement pertinents pour les humains impliqués dans les biofilms. A titre d'exemple, les tests pourraient être étendus aux des biofilms à *P. aeruginosa* ou *Burkholderia cepacia* (complications mortelles de la mucoviscidose), et les bactéries impliquées dans la formation de biofilm sur les dispositifs médicaux tels que les cathéters ou prothèse (*S. aureus, K. pneumoniae, Staphylococcus epidermidis, Enterococcus faecalis* , ...) (20, 32).

ANNEXE

Estimation des coûts de traitement aux antibiotiques d'un poulain infecté par

Rhodococcus equi

		Erythromycine	Rifampicine	Azithromycine
Dose[1] (mg/kg de poids corporel)		25	10	10
Periodicité[1] (par jour)		4 times	once	once
Prix de l'antibiotique[2] (€/gramme)		~0,75	~1,25	~2,2
Quantité d'antibiotique (g) nécéssaise pour 9 semaines de traitement[3]	Poulain de 1 mois (100 kg)	630	63	63
	Poulain de 6 mois (250 kg)	1575	157	157
Prix total en founction du poids de l'animal pour un traitement erythromycine + rifampicine		550 to 1380 €		
Prix total en founction du poids de l'animal pour un traitement azithromycine + rifampicine				220-540 €

[1], Comme indiqué dans the Merck Veterinary Manual (62)
[2], prix moyen constaté
[3], la thérapie dure en general 4 à 9 semaines (62)

ANNEXE

REFERENCES

1.   **The Antimicrobial Peptide Database.** http://aps.unmc.edu/AP/main.php

2.   **Filière équine, Chiffres clefs 2011.** Haras nationaux, http://www.haras-nationaux.fr/fileadmin/bibliotheque/chiffres-2011-internet.pdf.

3.   **GTC Biotherapeutics, ATryn® (Antithrombin [Recombinant]) Approved by the FDA. 2009,** http://www.gtc-bio.com/pressreleases/pr020609.html.

4.   **International Breeder's meeting, report for the second quarter of 2007.** Animal Health trust, http://www.aht.org.uk/icc/2ndquarter2007.html.

5.   **Aarbiou, J., M. Ertmann, S. van Wetering, P. van Noort, D. Rook, K. F. Rabe, S. V. Litvinov, J. H. van Krieken, W. I. de Boer, and P. S. Hiemstra.** 2002. Human neutrophil defensins induce lung epithelial cell proliferation *in vitro*. J Leukoc Biol **72:**167-174.

6.   **Aarbiou, J., R. M. Verhoosel, S. Van Wetering, W. I. De Boer, J. H. Van Krieken, S. V. Litvinov, K. F. Rabe, and P. S. Hiemstra.** 2004. Neutrophil defensins enhance lung epithelial wound closure and mucin gene expression *in vitro*. Am J Respir Cell Mol Biol **30:**193-201.

7.   **Adessi, C., and C. Soto.** 2002. Converting a peptide into a drug: strategies to improve stability and bioavailability. Current medicinal chemistry **9:**963-978.

8.   **Afacan, N. J., A. T. Y. Yeung, O. M. Pena, and R. E. W. Hancock.** 2012. Therapeutic potential of host defense peptides in antibiotic-resistant infections. Current Pharmaceutical Design **18:**1-13.

9.   **Ainsworth, D. M., S. W. Eicker, A. E. Yeagar, C. R. Sweeney, L. Viel, D. Tesarowski, J. P. Lavoie, A. Hoffman, M. R. Paradis, S. M. Reed, H. N. Erb, E. Davidow, and M. Nalevanko.** 1998. Associations between physical examination, laboratory, and radiographic findings and outcome and subsequent racing performance of foals with *Rhodococcus equi* infection: 115 cases (1984-1992). J Am Vet Med Assoc **213:**510-515.

10. **Ainsworth, D. M., A. E. Yeagar, S. W. Eicker, H. N. Erb, and E. Davidow.** 1993. **Athletic performance of horses previously infected with R. equi penumonia as foals.** Annual Convention of the AAEP, IVIS,

11. **Akuffo, H., D. Hultmark, A. Engstom, D. Frohlich, and D. Kimbrell.** 1998. *Drosophila* antibacterial protein, cecropin A, differentially affects non-bacterial organisms such as *Leishmania* in a manner different from other amphipathic peptides. International journal of molecular medicine **1**:77-82.

12. **Al-Benna, S., Y. Shai, F. Jacobsen, and L. Steinstraesser.** 2011. Oncolytic activities of host defense peptides. Int J Mol Sci **12**:8027-8051.

13. **Allen, J. L., A. P. Begg, and G. F. Browning.** 2011. Outbreak of equine endometritis caused by a genotypically identical strain of *Pseudomonas aeruginosa*. Journal of veterinary diagnostic investigation **23**:1236-1239.

14. **Anderson, M. E., S. L. Lefebvre, S. C. Rankin, H. Aceto, P. S. Morley, J. P. Caron, R. D. Welsh, T. C. Holbrook, B. Moore, D. R. Taylor, and J. S. Weese.** 2009. Retrospective multicentre study of methicillin-resistant *Staphylococcus aureus* infections in 115 horses. Equine Vet J **41**:401-405.

15. **Anderson, M. E., S. L. Lefebvre, and J. S. Weese.** 2008. Evaluation of prevalence and risk factors for methicillin-resistant *Staphylococcus aureus* colonization in veterinary personnel attending an international equine veterinary conference. Vet Microbiol **129**:410-417.

16. **Anderson, M. E., and J. S. Weese.** 2007. Evaluation of a real-time polymerase chain reaction assay for rapid identification of methicillin-resistant *Staphylococcus aureus* directly from nasal swabs in horses. Vet Microbiol **122**:185-189.

17. **Andersson, M., A. Holmgren, and G. Spyrou.** 1996. NK-lysin, a disulfide-containing effector peptide of T-lymphocytes, is reduced and inactivated by human thioredoxin reductase. Implication for a protective mechanism against NK-lysin cytotoxicity. J Biol Chem **271**:10116-10120.

18. **Anfinsen, C. B.** 1973. Principles that govern the folding of protein chains. Science **181**:223-230.

19. **Anzai, T., M. Kamada, T. kanemaru, S. sugita, A. Shimizu, and T. Higuchi.** 1996. Isolation of methicillin-resistant *Staphylococcus aureus*

(MRSA) from mares with metritis and its zooepidemiology. Journal of Equine Science **7**:7-11.

20. **Aparna, M. S., and S. Yadav.** 2008. Biofilms: microbes and disease. The Brazilian Journal of Infectious Diseases and Contexto **12**:526-530.

21. **Arlet, G., T. J. Barrett, P. Butaye, A. Cloeckaert, M. R. Mulvey, and D. G. White.** 2006. *Salmonella* resistant to extended-spectrum cephalosporins: prevalence and epidemiology. Microbes Infect **8**:1945-1954.

22. **Asoh, N., H. Watanabe, M. Fines-Guyon, K. Watanabe, K. Oishi, W. Kositsakulchai, T. Sanchai, K. Kunsuikmengrai, S. Kahintapong, B. Khantawa, P. Tharavichitkul, T. Sirisanthana, and T. Nagatake.** 2003. Emergence of rifampin-resistant *Rhodococcus equi* with several types of mutations in the rpoB gene among AIDS patients in northern Thailand. J Clin Microbiol **41**:2337-2340.

23. **Ayabe, T., D. P. Satchell, P. Pesendorfer, H. Tanabe, C. L. Wilson, S. J. Hagen, and A. J. Ouellette.** 2002. Activation of Paneth cell alpha-defensins in mouse small intestine. J Biol Chem **277**:5219-5228.

24. **Ayabe, T., D. P. Satchell, C. L. Wilson, W. C. Parks, M. E. Selsted, and A. J. Ouellette.** 2000. Secretion of microbicidal alpha-defensins by intestinal Paneth cells in response to bacteria. Nat Immunol **1**:113-118.

25. **Bader, M. W., S. Sanowar, M. E. Daley, A. R. Schneider, U. Cho, W. Xu, R. E. Klevit, H. Le Moual, and S. I. Miller.** 2005. Recognition of antimicrobial peptides by a bacterial sensor kinase. Cell **122**:461-472.

26. **Baker, M. A., W. L. Maloy, M. Zasloff, and L. S. Jacob.** 1993. Anticancer efficacy of Magainin2 and analogue peptides. Cancer research **53**:3052-3057.

27. **Bao, Y., T. Sakinc, D. Laverde, D. Wobser, A. Benachour, C. Theilacker, A. Hartke, and J. Huebner.** 2012. Role of mprF1 and mprF2 in the Pathogenicity of *Enterococcus faecalis*. PLoS One **7**:e38458.

28. **Baptiste, K. E., K. Williams, N. J. Willams, A. Wattret, P. D. Clegg, S. Dawson, J. E. Corkill, T. O'Neill, and C. A. Hart.** 2005. Methicillin-resistant

staphylococci in companion animals. Emerging infectious diseases **11**:1942-1944.

29. **Baroni, A., G. Donnarumma, I. Paoletti, I. Longanesi-Cattani, K. Bifulco, M. A. Tufano, and M. V. Carriero.** 2009. Antimicrobial human beta-defensin-2 stimulates migration, proliferation and tube formation of human umbilical vein endothelial cells. Peptides **30**:267-272.

30. **Barton, M. D., and K. L. Hughes.** 1980. *Corynebacterium equi*: a review. **50**:60-80.

31. **Bateman, A., D. Belcourt, H. Bennett, C. Lazure, and S. Solomon.** 1990. Granulins, a novel class of peptide from leukocytes. Biochem Biophys Res Commun **173**:1161-1168.

32. **Batoni, G., G. Maisetta, F. L. Brancatisano, S. Esin, and M. Campa.** 2011. Use of antimicrobial peptides against microbial biofilms: advantages and limits. Current medicinal chemistry **18**:256-279.

33. **Belas, R., J. Manos, and R. Suvanasuthi.** 2004. *Proteus mirabilis* ZapA metalloprotease degrades a broad spectrum of substrates, including antimicrobial peptides. Infect Immun **72**:5159-5167.

34. **Bell, G., and P. H. Gouyon.** 2003. Arming the enemy: the evolution of resistance to self-proteins. Microbiology **149**:1367-1375.

35. **Bello, J., H. R. Bello, and E. Granados.** 1982. Conformation and aggregation of melittin: dependence on pH and concentration. Biochemistry **21**:461-465.

36. **Bernard, B., J. Dugan, and S. Pierce.** 1991. **The influence of foal pneumonia on future racing performance.** 37th Convention of Amercican Association of Equine Practice,

37. **Bijlsma, J. J., and E. A. Groisman.** 2003. Making informed decisions: regulatory interactions between two-component systems. Trends Microbiol **11**:359-366.

38. **Biragyn, A., P. A. Ruffini, C. A. Leifer, E. Klyushnenkova, A. Shakhov, O. Chertov, A. K. Shirakawa, J. M. Farber, D. M. Segal, J. J. Oppenheim,**

and L. W. Kwak. 2002. Toll-like receptor 4-dependent activation of dendritic cells by beta-defensin 2. Science **298**:1025-1029.

39. **Bishop, R. E., H. S. Gibbons, T. Guina, M. S. Trent, S. I. Miller, and C. R. Raetz.** 2000. Transfer of palmitate from phospholipids to lipid A in outer membranes of gram-negative bacteria. The EMBO journal **19**:5071-5080.

40. **Blanchard, T. L., R. M. Kenney, and P. J. Timoney.** 1992. Venereal disease. The Veterinary clinics of North America. Equine practice **8**:191-203.

41. **Boman, H. G., B. Agerberth, and A. Boman.** 1993. Mechanisms of action on *Escherichia coli* of cecropin P1 and PR-39, two antibacterial peptides from pig intestine. Infect Immun **61**:2978-2984.

42. **Boman, H. G., D. Wade, I. A. Boman, B. Wahlin, and R. B. Merrifield.** 1989. Antibacterial and antimalarial properties of peptides that are cecropin-melittin hybrids. FEBS Lett **259**:103-106.

43. **Bommarius, B., H. Jenssen, M. Elliott, J. Kindrachuk, M. Pasupuleti, H. Gieren, K. E. Jaeger, R. E. Hancock, and D. Kalman.** 2010. Cost-effective expression and purification of antimicrobial and host defense peptides in *Escherichia coli*. Peptides **31**:1957-1965.

44. **Bowdish, D. M., D. J. Davidson, Y. E. Lau, K. Lee, M. G. Scott, and R. E. Hancock.** 2005. Impact of LL-37 on anti-infective immunity. J Leukoc Biol **77**:451-459.

45. **Bowdish, D. M., D. J. Davidson, D. P. Speert, and R. E. Hancock.** 2004. The human cationic peptide LL-37 induces activation of the extracellular signal-regulated kinase and p38 kinase pathways in primary human monocytes. J Immunol **172**:3758-3765.

46. **Boyen, F., F. Pasmans, and F. Haesebrouck.** 2011. Acquired antimicrobial resistance in equine *Rhodococcus equi* isolates. Vet Rec **168**:101.

47. **Brand, G. D., J. R. Leite, S. M. de Sa Mandel, D. A. Mesquita, L. P. Silva, M. V. Prates, E. A. Barbosa, F. Vinecky, G. R. Martins, J. H. Galasso, S. A. Kuckelhaus, R. N. Sampaio, J. R. Furtado, Jr., A. C. Andrade, and C.**

Bloch, Jr. 2006. Novel dermaseptins from *Phyllomedusa hypochondrialis* (Amphibia). Biochem Biophys Res Commun **347**:739-746.

48. **Brand, G. D., J. R. Leite, L. P. Silva, S. Albuquerque, M. V. Prates, R. B. Azevedo, V. Carregaro, J. S. Silva, V. C. Sa, R. A. Brandao, and C. Bloch, Jr.** 2002. Dermaseptins from *Phyllomedusa oreades* and *Phyllomedusa distincta*. Anti-*Trypanosoma cruzi* activity without cytotoxicity to mammalian cells. J Biol Chem **277**:49332-49340.

49. **Brenner, F. W., R. G. Villar, F. J. Angulo, R. Tauxe, and B. Swaminathan.** 2000. Salmonella nomenclature. J Clin Microbiol **38**:2465-2467.

50. **Brogden, K. A.** 2005. Antimicrobial peptides: pore formers or metabolic inhibitors in bacteria? Nat Rev Microbiol **3**:238-250.

51. **Bruhn, O.** 2005. *Diploma thesis*. Characterization of equine antimicrobial peptides [German]. Christian-Albrechts-University, Kiel.

52. **Bruhn, O.** 2008. PhD thesis. Horse defensins. [German]. Christian-Albrechts-University, Kiel.

53. **Bruhn, O., J. Grötzinger, I. Cascorbi, and S. Jung.** 2011. Antimicrobial peptides and proteins of the horse - insights into a well-armed organism. Veterinary research **42**:98.

54. **Bruhn, O., S. Paul, J. Tetens, and G. Thaller.** 2009. The repertoire of equine intestinal alpha-defensins. BMC Genomics **10**:631.

55. **Bruhn, O., P. Regenhard, M. Michalek, S. Paul, C. Gelhaus, S. Jung, G. Thaller, R. Podschun, M. Leippe, J. Grötzinger, and E. Kalm.** 2007. A novel horse alpha-defensin: gene transcription, recombinant expression and characterization of the structure and function. Biochem J **407**:267-276.

56. **Brun, R., H. Hecker, and Z. R. Lun.** 1998. *Trypanosoma evansi* and *T. equiperdum*: distribution, biology, treatment and phylogenetic relationship (a review). Vet Parasitol **79**:95-107.

57. **Brun, R., and Z. R. Lun.** 1994. Drug sensitivity of Chinese *Trypanosoma evansi* and *Trypanosoma equiperdum* isolates. Vet Parasitol **52**:37-46.

58. **Buck, C. B., P. M. Day, C. D. Thompson, J. Lubkowski, W. Lu, D. R. Lowy, and J. T. Schiller.** 2006. Human alpha-defensins block papillomavirus infection. Proc Natl Acad Sci U S A **103:**1516-1521.

59. **Buckley, T. M., E Stanbridge, S.** 2007. Resistance studies of erythromycine and rifampin for *Rhodococcus equi* over a 10-year period. Irish Veterinary Journal **60:**728-731.

60. **Bulaj, G.** 2005. Formation of disulfide bonds in proteins and peptides. Biotechnology advances **23:**87-92.

61. **Burger, D., F. Janett, M. Vidament, R. Stump, F. G., I. Imboden, and R. Thun.** 2006. Immunization against GnRH in adult stallions: effects on semen characteristics, behavious and shedding of equine arteritis virus. Animal Reproduction Science **94:**107-111.

62. **Cahn, C. M., and S. Line.** 2005. The Merck Veterinary Manual.

63. **Camm, I. S., and C. Thursby-Pelham.** 1993. Equine viral arteritis in Britain. Vet Rec **132:**615.

64. **CDC. Malaria.** Centers for Disease Control and Prevention, http://www.cdc.gov/malaria/about/biology/.

65. **CDC. Parasites - American Trypanosomiasis (also known as Chagas Disease).** Centers for Disease Control and Prevention, http://www.cdc.gov/parasites/chagas/biology.html).

66. **Chaffin, K.** 2011. *Rhodococcus equi* foal pneumonia, Presented at the 49th Annual Ocala Equine Conference Texas.

67. **Chan, S. C., L. Hui, and H. M. Chen.** 1998. Enhancement of the cytolytic effect of anti-bacterial cecropin by the microvilli of cancer cells. Anticancer research **18:**4467-4474.

68. **Chang, T. L., J. Vargas, Jr., A. DelPortillo, and M. E. Klotman.** 2005. Dual role of alpha-defensin-1 in anti-HIV-1 innate immunity. J Clin Invest **115:**765-773.

69. **Chen, H. M., W. Wang, D. Smith, and S. C. Chan.** 1997. Effects of the anti-bacterial peptide cecropin B and its analogs, cecropins B-1 and B-2, on liposomes, bacteria, and cancer cells. Biochim Biophys Acta **1336:**171-179.

70. **Chen, Y. C., Y. C. Chuang, C. C. Chang, C. L. Jeang, and M. C. Chang.** 2004. A K+ uptake protein, TrkA, is required for serum, protamine, and polymyxin B resistance in *Vibrio vulnificus*. Infect Immun **72:**629-636.

71. **Cho, J. H., B. H. Sung, and S. C. Kim.** 2009. Buforins: histone H2A-derived antimicrobial peptides from toad stomach. Biochim Biophys Acta **1788:**1564-1569.

72. **Christianson, S., G. R. Golding, J. Campbell, and M. R. Mulvey.** 2007. Comparative genomics of Canadian epidemic lineages of methicillin-resistant *Staphylococcus aureus*. J Clin Microbiol **45:**1904-1911.

73. **Cirioni, O., A. Giacometti, R. Ghiselli, C. Bergnach, F. Orlando, C. Silvestri, F. Mocchegiani, A. Licci, B. Skerlavaj, M. Rocchi, V. Saba, M. Zanetti, and G. Scalise.** 2006. LL-37 protects rats against lethal sepsis caused by gram-negative bacteria. Antimicrob Agents Chemother **50:**1672-1679.

74. **Cirioni, O., C. Silvestri, R. Ghiselli, F. Orlando, A. Riva, F. Mocchegiani, L. Chiodi, S. Castelletti, E. Gabrielli, V. Saba, G. Scalise, and A. Giacometti.** 2008. Protective effects of the combination of alpha-helical antimicrobial peptides and rifampicin in three rat models of *Pseudomonas aeruginosa* infection. J Antimicrob Chemother **62:**1332-1338.

75. **Ciuca, A.** 1933. La dourine. Bull. Off. Int. Épiz. **7:**168-172.

76. **Cole, A. M., T. Hong, L. M. Boo, T. Nguyen, C. Zhao, G. Bristol, J. A. Zack, A. J. Waring, O. O. Yang, and R. I. Lehrer.** 2002. Retrocyclin: a primate peptide that protects cells from infection by T- and M-tropic strains of HIV-1. Proc Natl Acad Sci U S A **99:**1813-1818.

77. **Conley, A. J., J. J. Joensuu, A. M. Jevnikar, R. Menassa, and J. E. Brandle.** 2009. Optimization of elastin-like polypeptide fusions for expression and purification of recombinant proteins in plants. Biotechnology and bioengineering **103:**562-573.

78. **Cornish, N., and J. A. Washington.** 1999. *Rhodococcus equi* infections: clinical features and laboratory diagnosis. Curr Clin Top Infect Dis **19:**198-215.

79. **Couto, M. A., S. S. Harwig, J. S. Cullor, J. P. Hughes, and R. I. Lehrer.** 1992. eNAP-2, a novel cysteine-rich bactericidal peptide from equine leukocytes. Infect Immun **60:**5042-5047.

80. **Couto, M. A., S. S. Harwig, J. S. Cullor, J. P. Hughes, and R. I. Lehrer.** 1992. Identification of eNAP-1, an antimicrobial peptide from equine neutrophils. Infect Immun **60:**3065-3071.

81. **Couto, M. A., S. S. Harwig, and R. I. Lehrer.** 1993. Selective inhibition of microbial serine proteases by eNAP-2, an antimicrobial peptide from equine neutrophils. Infect Immun **61:**2991-2994.

82. **Cox, A. D., J. C. Wright, J. Li, D. W. Hood, E. R. Moxon, and J. C. Richards.** 2003. Phosphorylation of the lipid A region of meningococcal lipopolysaccharide: identification of a family of transferases that add phosphoethanolamine to lipopolysaccharide. J Bacteriol **185:**3270-3277.

83. **Cuny, C., J. Kuemmerle, C. Stanek, B. Willey, B. Strommenger, and W. Witte.** 2006. Emergence of MRSA infections in horses in a veterinary hospital: strain characterisation and comparison with MRSA from humans. Euro surveillance : bulletin europeen sur les maladies transmissibles = European communicable disease bulletin **11:**44-47.

84. **Dagan, A., L. Efron, L. Gaidukov, A. Mor, and H. Ginsburg.** 2002. In vitro antiplasmodium effects of dermaseptin S4 derivatives. Antimicrob Agents Chemother **46:**1059-1066.

85. **Dallap Schaer, B. L., H. Aceto, and S. C. Rankin.** 2010. Outbreak of salmonellosis caused by *Salmonella enterica* serovar Newport MDR-AmpC in a large animal veterinary teaching hospital. J Vet Intern Med **24:**1138-1146.

86. **Dargatz, D. A., and J. L. Traub-Dargatz.** 2004. Multidrug-resistant *Salmonella* and nosocomial infections. The Veterinary clinics of North America. Equine practice **20:**587-600.

87. **Dathe, M., and T. Wieprecht.** 1999. Structural features of helical antimicrobial peptides: their potential to modulate activity on model membranes and biological cells. Biochim Biophys Acta **1462:**71-87.

88. **Davis, E. G., Y. Sang, and F. Blecha.** 2004. Equine beta-defensin-1: full-length cDNA sequence and tissue expression. Vet Immunol Immunopathol **99:**127-132.

89. **Davis, E. G., Y. Sang, B. Rush, G. Zhang, and F. Blecha.** 2005. Molecular cloning and characterization of equine NK-lysin. Vet Immunol Immunopathol **105:**163-169.

90. **Dean, S. N., B. M. Bishop, and M. L. Van Hoek.** 2011. Natural and synthetic cathelicidin peptides with anti-microbial and anti-biofilm activity against *Staphylococcus aureus*. BMC microbiology **11:**1-12.

91. **Debabov, D. V., M. Y. Kiriukhin, and F. C. Neuhaus.** 2000. Biosynthesis of lipoteichoic acid in Lactobacillus rhamnosus: role of DltD in D-alanylation. J Bacteriol **182:**2855-2864.

92. **Deslouches, B., I. A. Gonzalez, D. DeAlmeida, K. Islam, C. Steele, R. C. Montelaro, and T. A. Mietzner.** 2007. De novo-derived cationic antimicrobial peptide activity in a murine model of *Pseudomonas aeruginosa* bacteraemia. J Antimicrob Chemother **60:**669-672.

93. **Devi, P., S. Malhotra, and A. Chadha.** 2011. Bacteremia due to *Rhodococcus equi* in an immunocompetent infant. Indian J Med Microbiol **29:**65-68.

94. **Devine, D. A., P. D. Marsh, R. S. Percival, M. Rangarajan, and M. A. Curtis.** 1999. Modulation of antibacterial peptide activity by products of *Porphyromonas gingivalis* and *Prevotella spp.* Microbiology **145 (Pt 4):**965-971.

95. **Dhople, V., A. Krukemeyer, and A. Ramamoorthy.** 2006. The human beta-defensin-3, an antibacterial peptide with multiple biological functions. Biochim Biophys Acta **1758:**1499-1512.

96. **Bad bugs, bad bugs, whatcha gonna do?,** 2010. http://www1.agric.gov.ab.ca/$department/deptdocs.nsf/all/hrs6289 [Online.]

97.   **Duclohier, H.** 2006. Bilayer lipid composition modulates the activity of dermaseptins, polycationic antimicrobial peptides. European biophysics journal : EBJ **35**:401-409.

98.   **Efron, L., A. Dagan, L. Gaidukov, H. Ginsburg, and A. Mor.** 2002. Direct interaction of dermaseptin S4 aminoheptanoyl derivative with intraerythrocytic malaria parasite leading to increased specific antiparasitic activity in culture. J Biol Chem **277**:24067-24072.

99.   **Ehrenstein, G., and H. Lecar.** 1977. Electrically gated ionic channels in lipid bilayers. Quarterly reviews of biophysics **10**:1-34.

100.   **Ernst, C. M., and A. Peschel.** 2011. Broad-spectrum antimicrobial peptide resistance by MprF-mediated aminoacylation and flipping of phospholipids. Mol Microbiol **80**:290-299.

101.   **Ernst, C. M., P. Staubitz, N. N. Mishra, S. J. Yang, G. Hornig, H. Kalbacher, A. S. Bayer, D. Kraus, and A. Peschel.** 2009. The bacterial defensin resistance protein MprF consists of separable domains for lipid lysinylation and antimicrobial peptide repulsion. PLoS Pathog **5**:e1000660.

102.   **Ernst, R. K., T. Guina, and S. I. Miller.** 2001. *Salmonella typhimurium* outer membrane remodeling: role in resistance to host innate immunity. Microbes Infect **3**:1327-1334.

103.   **Esmann, J.** 2001. The many challenges of facial herpes simplex virus infection. J Antimicrob Chemother **47 Suppl T1**:17-27.

104.   **Eswarappa, S. M., K. K. Panguluri, M. Hensel, and D. Chakravortty.** 2008. The yejABEF operon of *Salmonella* confers resistance to antimicrobial peptides and contributes to its virulence. Microbiology **154**:666-678.

105.   **Ewart, S. L., H. C. Schott, 2nd, R. L. Robison, R. M. Dwyer, S. W. Eberhart, and R. D. Walker.** 2001. Identification of sources of *Salmonella* organisms in a veterinary teaching hospital and evaluation of the effects of disinfectants on detection of Salmonella organisms on surface materials. J Am Vet Med Assoc **218**:1145-1151.

106. **Ewers, C., M. Grobbel, A. Bethe, L. H. Wieler, and S. Guenther.** 2011. Extended-spectrum beta-lactamases-producing gram-negative bacteria in companion animals: action is clearly warranted! Berliner und Munchener tierarztliche Wochenschrift **124**:94-101.

107. **Falord, M., G. Karimova, A. Hiron, and T. Msadek.** 2012. GraXSR proteins interact with the VraFG ABC transporter to form a five-component system required for cationic antimicrobial peptide sensing and resistance in *Staphylococcus aureus*. Antimicrob Agents Chemother **56**:1047-1058.

108. **Feng, Z., G. R. Dubyak, M. M. Lederman, and A. Weinberg.** 2006. Cutting edge: human beta defensin 3--a novel antagonist of the HIV-1 coreceptor CXCR4. J Immunol **177**:782-786.

109. **Fernandez-Mora, E., M. Polidori, A. Luhrmann, U. E. Schaible, and A. Haas.** 2005. Maturation of Rhodococcus equi-containing vacuoles is arrested after completion of the early endosome stage. Traffic **6**:635-653.

110. **Floss, D. M., M. Sack, J. Stadlmann, T. Rademacher, J. Scheller, E. Stoger, R. Fischer, and U. Conrad.** 2008. Biochemical and functional characterization of anti-HIV antibody-ELP fusion proteins from transgenic plants. Plant biotechnology journal **6**:379-391.

111. **Floss, D. M., K. Schallau, S. Rose-John, U. Conrad, and J. Scheller.** 2010. Elastin-like polypeptides revolutionize recombinant protein expression and their biomedical application. Trends Biotechnol **28**:37-45.

112. **Freeman, K., E. Woods, S. Welsby, S. L. Percival, and C. A. Cochrane.** 2009. Biofilm evidence and the microbial diversity of horse wounds. Canadian journal of microbiology **55**:197-202.

113. **Frick, I. M., P. Akesson, M. Rasmussen, A. Schmidtchen, and L. Bjorck.** 2003. SIC, a secreted protein of *Streptococcus pyogenes* that inactivates antibacterial peptides. J Biol Chem **278**:16561-16566.

114. **Frye, J. G., and P. J. Fedorka-Cray.** 2007. Prevalence, distribution and characterisation of ceftiofur resistance in Salmonella enterica isolated from animals in the USA from 1999 to 2003. Int J Antimicrob Agents **30**:134-142.

115. **Fuhrmann, C., I. Soedarmanto, and C. Lammler.** 1997. Studies on the rodcoccus life cycle of Rhodococcus equi. Zentralbl Veterinarmed B **44:**287-294.

116. **Funderburg, N., M. M. Lederman, Z. Feng, M. G. Drage, J. Jadlowsky, C. V. Harding, A. Weinberg, and S. F. Sieg.** 2007. Human -defensin-3 activates professional antigen-presenting cells via Toll-like receptors 1 and 2. Proc Natl Acad Sci U S A **104:**18631-18635.

117. **Funkquist, P., S. Demmers, G. Hedenstierna, M. Jensen Waern, and G. Nyman.** 2002. Gas exchange during intense exercise in Standardbreds with earlier *Rhodococcus equi* pneumonia. Equine veterinary journal. Supplement:434-441.

118. **Gallo, R. L., and V. Nizet.** 2003. Endogenous production of antimicrobial peptides in innate immunity and human disease. Current allergy and asthma reports **3:**402-409.

119. **Galvan, E. M., M. A. Lasaro, and D. M. Schifferli.** 2008. Capsular antigen fraction 1 and Pla modulate the susceptibility of *Yersinia pestis* to pulmonary antimicrobial peptides such as cathelicidin. Infect Immun **76:**1456-1464.

120. **Ganz, T.** 2003. The role of antimicrobial peptides in innate immunity. Integrative and comparative biology **43:**300-304.

121. **Ganz, T., M. E. Selsted, D. Szklarek, S. S. Harwig, K. Daher, D. F. Bainton, and R. I. Lehrer.** 1985. Defensins. Natural peptide antibiotics of human neutrophils. J Clin Invest **76:**1427-1435.

122. **ExPASy Bioformatics Resources Portal, Protparam.** 1993, http://web.expasy.org/protparam/

123. **Geijtenbeek, T. B., D. S. Kwon, R. Torensma, S. J. van Vliet, G. C. van Duijnhoven, J. Middel, I. L. Cornelissen, H. S. Nottet, V. N. KewalRamani, D. R. Littman, C. G. Figdor, and Y. van Kooyk.** 2000. DC-SIGN, a dendritic cell-specific HIV-1-binding protein that enhances trans-infection of T cells. Cell **100:**587-597.

124. **Gelhaus, C., T. Jacobs, J. Andra, and M. Leippe.** 2008. The antimicrobial peptide NK-2, the core region of mammalian NK-lysin, kills intraerythrocytic *Plasmodium falciparum*. Antimicrob Agents Chemother **52:**1713-1720.

125. **Gennaro, R., and M. Zanetti.** 2000. Structural features and biological activities of the cathelicidin-derived antimicrobial peptides. Biopolymers **55:**31-49.

126. **Giguere, S., and J. F. Prescott.** 1997. Clinical manifestations, diagnosis, treatment, and prevention of *Rhodococcus equi* infections in foals. Vet Microbiol **56:**313-334.

127. **Gillingwater, K., P. Buscher, and R. Brun.** 2007. Establishment of a panel of reference *Trypanosoma evansi* and *Trypanosoma equiperdum* strains for drug screening. Vet Parasitol **148:**114-121.

128. **Giuliani, A., Pirri G., Nicoletto S.F.** 2007. Antimicrobial peptides: an overview of a promising class of therapeutics. central european journal of biology:1–33.

129. **Golub B., F. G., Spink WW.** 1967. Lung abscess due to Corynebacterium equi. Report of first human infection. Ann Intern Med **66:**1174-1177.

130. **Goodfellow, M., and G. Alderson.** 1977. The actinomycete-genus Rhodococcus: a home for the "rhodochrous" complex. Journal of general microbiology **100:**99-122.

131. **Gray, J. T., L. L. Hungerford, P. J. Fedorka-Cray, and M. L. Headrick.** 2004. Extended-spectrum-cephalosporin resistance in *Salmonella enterica* isolates of animal origin. Antimicrob Agents Chemother **48:**3179-3181.

132. **Gruenheid, S., and H. Le Moual.** 2012. Resistance to antimicrobial peptides in Gram-negative bacteria. FEMS microbiology letters **330(2):**81-89.

133. **Gudmundsson, G. H., B. Agerberth, J. Odeberg, T. Bergman, B. Olsson, and R. Salcedo.** 1996. The human gene FALL39 and processing of the cathelin precursor to the antibacterial peptide LL-37 in granulocytes. Eur J Biochem **238:**325-332.

134. **Guina, T., E. C. Yi, H. Wang, M. Hackett, and S. I. Miller.** 2000. A PhoP-regulated outer membrane protease of *Salmonella enterica* serovar Typhimurium promotes resistance to alpha-helical antimicrobial peptides. J Bacteriol **182**:4077-4086.

135. **Gunn, J. S., K. B. Lim, J. Krueger, K. Kim, L. Guo, M. Hackett, and S. I. Miller.** 1998. PmrA-PmrB-regulated genes necessary for 4-aminoarabinose lipid A modification and polymyxin resistance. Mol Microbiol **27**:1171-1182.

136. **Guo, L., K. B. Lim, C. M. Poduje, M. Daniel, J. S. Gunn, M. Hackett, and S. I. Miller.** 1998. Lipid A acylation and bacterial resistance against vertebrate antimicrobial peptides. Cell **95**:189-198.

137. **Gustafsson, A., V. Baverud, A. Gunnarsson, M. H. Rantzien, A. Lindholm, and A. Franklin.** 1997. The association of erythromycin ethylsuccinate with acute colitis in horses in Sweden. Equine Vet J **29**:314-318.

138. **Guthrie, A. J., P. G. Howell, J. F. Hedges, A. M. Bosman, U. B. Balasuriya, W. H. McCollum, P. J. Timoney, and N. J. MacLachlan.** 2003. Lateral transmission of equine arteritis virus among Lipizzaner stallions in South Africa. Equine Vet J **35**:596-600.

139. **Gutner, M., S. Chaushu, D. Balter, and G. Bachrach.** 2009. Saliva enables the antimicrobial activity of LL-37 in the presence of proteases of Porphyromonas gingivalis. Infect Immun **77**:5558-5563.

140. **Gwadz, R. W., D. Kaslow, J. Y. Lee, W. L. Maloy, M. Zasloff, and L. H. Miller.** 1989. Effects of magainins and cecropins on the sporogonic development of malaria parasites in mosquitoes. Infect Immun **57**:2628-2633.

141. **Hachmann, A. B., E. R. Angert, and J. D. Helmann.** 2009. Genetic analysis of factors affecting susceptibility of *Bacillus subtilis* to daptomycin. Antimicrob Agents Chemother **53**:1598-1609.

142. **Haenni, M., H. Targant, K. Forest, C. Sevin, J. Tapprest, C. Laugier, and J. Y. Madec.** 2010. Retrospective study of necropsy-associated coagulase-positive staphylococci in horses. Journal of veterinary diagnostic investigation

: official publication of the American Association of Veterinary Laboratory Diagnosticians, Inc **22:**953-956.

143. **Hagos, A., B. M. Goddeeris, K. Yilkal, T. Alemu, R. Fikru, H. T. Yacob, G. Feseha, and F. Claes.** 2010. Efficacy of Cymelarsan and Diminasan against *Trypanosoma equiperdum* infections in mice and horses. Vet Parasitol **171:**200-206.

144. **Hancock, R. E.** 2003. Concerns regarding resistance to self-proteins. Microbiology **149:**3343-3344.

145. **Hancock, R. E.** 1997. Peptide antibiotics. Lancet **349:**418-422.

146. **Hancock, R. E., and D. S. Chapple.** 1999. Peptide antibiotics. Antimicrob Agents Chemother **43:**1317-1323.

147. **Hancock, R. E., and A. Rozek.** 2002. Role of membranes in the activities of antimicrobial cationic peptides. FEMS microbiology letters **206:**143-149.

148. **Hancock, R. E., and H. G. Sahl.** 2006. Antimicrobial and host-defense peptides as new anti-infective therapeutic strategies. Nature biotechnology **24:**1551-1557.

149. **Handman, E.** 1999. Cell biology of *Leishmania*. Advances in parasitology **44:**1-39.

150. **Hao, X., H. Yang, L. Wei, S. Yang, W. Zhu, D. Ma, H. Yu, and R. Lai.** 2011. Amphibian cathelicidin fills the evolutionary gap of cathelicidin in vertebrate. Amino acids.

151. **Hara, T., H. Kodama, M. Kondo, K. Wakamatsu, A. Takeda, T. Tachi, and K. Matsuzaki.** 2001. Effects of peptide dimerization on pore formation: Antiparallel disulfide-dimerized magainin 2 analogue. Biopolymers **58:**437-446.

152. **Harvey, R. L., and J. C. Sunstrum.** 1991. *Rhodococcus equi* infection in patients with and without human immunodeficiency virus infection. Rev Infect Dis **13:**139-145.

153. **Hazrati, E., B. Galen, W. Lu, W. Wang, Y. Ouyang, M. J. Keller, R. I. Lehrer, and B. C. Herold.** 2006. Human alpha- and beta-defensins block multiple steps in herpes simplex virus infection. J Immunol **177:**8658-8666.

154. **He, K., S. J. Ludtke, D. L. Worcester, and H. W. Huang.** 1996. Neutron scattering in the plane of membranes: structure of alamethicin pores. Biophys J **70:**2659-2666.

155. **Heidmann, P., J. E. Madigan, and J. L. watson.** 2006. *Rhodococcus equi* Pneumonia: clinical findings, diagnosis, treatment and prevention. Clin Tech Equine Practice **5:**203-2010.

156. **Helmerhorst, E. J., P. Breeuwer, W. van't Hof, E. Walgreen-Weterings, L. C. Oomen, E. C. Veerman, A. V. Amerongen, and T. Abee.** 1999. The cellular target of histatin 5 on *Candida albicans* is the energized mitochondrion. J Biol Chem **274:**7286-7291.

157. **Hernandez, C., A. Mor, F. Dagger, P. Nicolas, A. Hernandez, E. L. Benedetti, and I. Dunia.** 1992. Functional and structural damage in *Leishmania mexicana* exposed to the cationic peptide dermaseptin. European journal of cell biology **59:**414-424.

158. **Higgins, A. J.** 1993. Equine viral arteritis--a challenge for the British horse industry. The British veterinary journal **149:**305-306.

159. **Holyoak, G. R., U. B. Balasuriya, C. C. Broaddus, and P. J. Timoney.** 2008. Equine viral arteritis: current status and prevention. Theriogenology **70:**403-414.

160. **Hoskin, D. W., and A. Ramamoorthy.** 2008. Studies on anticancer activities of antimicrobial peptides. Biochim Biophys Acta **1778:**357-375.

161. **House, J. K., and B. P. Smih.** 2000. Salmonella in horses. *In* C. Wray and A. Wray (ed.), Salmonella in domestic animals. CABI.

162. **Hsu, C. H., C. Chen, M. L. Jou, A. Y. Lee, Y. C. Lin, Y. P. Yu, W. T. Huang, and S. H. Wu.** 2005. Structural and DNA-binding studies on the bovine antimicrobial peptide, indolicidin: evidence for multiple conformations

involved in binding to membranes and DNA. Nucleic Acids Res **33**:4053-4064.

163. **Huang, Q., H. J. Yu, G. D. Liu, X. K. Huang, L. Y. Zhang, Y. G. Zhou, J. Y. Chen, F. Lin, Y. Wang, and J. Fei.** 2012. Comparison of the effects of human beta-defensin 3, vancomycin, and clindamycin on Staphylococcus aureus biofilm formation. Orthopedics **35**:e53-60.

164. **Huntington, P. J., A. J. Forman, and P. M. Ellis.** 1990. The occurrence of equine arteritis virus in Australia. Aust Vet J **67**:432-435.

165. **Imura, Y., N. Choda, and K. Matsuzaki.** 2008. Magainin 2 in action: distinct modes of membrane permeabilization in living bacterial and mammalian cells. Biophys J **95**:5757-5765.

166. **Jacobs, T., H. Bruhn, I. Gaworski, B. Fleischer, and M. Leippe.** 2003. NK-lysin and its shortened analog NK-2 exhibit potent activities against *Trypanosoma cruzi*. Antimicrob Agents Chemother **47**:607-613.

167. **Jaynes, J. M., C. A. Burton, S. B. Barr, G. W. Jeffers, G. R. Julian, K. L. White, F. M. Enright, T. R. Klei, and R. A. Laine.** 1988. In vitro cytocidal effect of novel lytic peptides on *Plasmodium falciparum* and *Trypanosoma cruzi*. Faseb J **2**:2878-2883.

168. **Jenssen, H., J. H. Andersen, D. Mantzilas, and T. J. Gutteberg.** 2004. A wide range of medium-sized, highly cationic, alpha-helical peptides show antiviral activity against herpes simplex virus. Antiviral Res **64**:119-126.

169. **Jenssen, H., J. H. Andersen, L. Uhlin-Hansen, T. J. Gutteberg, and O. Rekdal.** 2004. Anti-HSV activity of lactoferricin analogues is only partly related to their affinity for heparan sulfate. Antiviral Res **61**:101-109.

170. **Jenssen, H., P. Hamill, and R. E. Hancock.** 2006. Peptide antimicrobial agents. Clin Microbiol Rev **19**:491-511.

171. **Jeong, N., J. Y. Kim, S. C. Park, J. K. Lee, R. Gopal, S. Yoo, B. K. Son, J. S. Hahm, Y. Park, and K. S. Hahm.** 2010. Antibiotic and synergistic effect of Leu-Lys rich peptide against antibiotic resistant microorganisms isolated

from patients with cholelithiasis. Biochem Biophys Res Commun **399**:581-586.

172. **Jevsevar, S., M. Kunstelj, and V. G. Porekar.** 2010. PEGylation of therapeutic proteins. Biotechnol J **5**:113-128.

173. **Jin, T., M. Bokarewa, T. Foster, J. Mitchell, J. Higgins, and A. Tarkowski.** 2004. *Staphylococcus aureus* resists human defensins by production of staphylokinase, a novel bacterial evasion mechanism. J Immunol **172**:1169-1176.

174. **Jinquan, T., H. Vorum, C. G. Larsen, P. Madsen, H. H. Rasmussen, B. Gesser, M. Etzerodt, B. Honore, J. E. Celis, and K. Thestrup-Pedersen.** 1996. Psoriasin: a novel chemotactic protein. J Invest Dermatol **107**:5-10.

175. **Kavanagh, K., and S. Dowd.** 2004. Histatins: antimicrobial peptides with therapeutic potential. J Pharm Pharmacol **56**:285-289.

176. **Kedlaya, I., M. B. Ing, and S. S. Wong.** 2001. *Rhodococcus equi* infections in immunocompetent hosts: case report and review. Clin Infect Dis **32**:E39-46.

177. **Kenney, D. G., S. C. Robbins, J. F. Prescott, A. Kaushik, and J. D. Baird.** 1994. Development of reactive arthritis and resistance to erythromycin and rifampin in a foal during treatment for *Rhodococcus equi* pneumonia. Equine Vet J **26**:246-248.

178. **Kidd, T. J., J. S. Gibson, S. Moss, R. M. Greer, R. N. Cobbold, J. D. Wright, K. A. Ramsay, K. Grimwood, and S. C. Bell.** 2011. Clonal complex *Pseudomonas aeruginosa* in horses. Vet Microbiol **149**:508-512.

179. **Kim, J. Y., S. C. Park, M. Y. Yoon, K. S. Hahm, and Y. Park.** 2011. C-terminal amidation of PMAP-23: translocation to the inner membrane of Gram-negative bacteria. Amino acids **40**:183-195.

180. **Kirikae, T., M. Hirata, H. Yamasu, F. Kirikae, H. Tamura, F. Kayama, K. Nakatsuka, T. Yokochi, and M. Nakano.** 1998. Protective effects of a human 18-kilodalton cationic antimicrobial protein (CAP18)-derived peptide against murine endotoxemia. Infect Immun **66**:1861-1868.

181. **Klein, S., C. Lorenzo, S. Hoffmann, J. M. Walther, S. Storbeck, T. Piekarski, B. J. Tindall, V. Wray, M. Nimtz, and J. Moser.** 2009. Adaptation of *Pseudomonas aeruginosa* to various conditions includes tRNA-dependent formation of alanyl-phosphatidylglycerol. Mol Microbiol **71:**551-565.

182. **Klevens, R. M., M. A. Morrison, J. Nadle, S. Petit, K. Gershman, S. Ray, L. H. Harrison, R. Lynfield, G. Dumyati, J. M. Townes, A. S. Craig, E. R. Zell, G. E. Fosheim, L. K. McDougal, R. B. Carey, and S. K. Fridkin.** 2007. Invasive methicillin-resistant *Staphylococcus aureus* infections in the United States. JAMA : the journal of the American Medical Association **298:**1763-1771.

183. **Kobayashi, S., A. Chikushi, S. Tougu, Y. Imura, M. Nishida, Y. Yano, and K. Matsuzaki.** 2004. Membrane translocation mechanism of the antimicrobial peptide buforin 2. Biochemistry **43:**15610-15616.

184. **Koczulla, R., G. von Degenfeld, C. Kupatt, F. Krotz, S. Zahler, T. Gloe, K. Issbrucker, P. Unterberger, M. Zaiou, C. Lebherz, A. Karl, P. Raake, A. Pfosser, P. Boekstegers, U. Welsch, P. S. Hiemstra, C. Vogelmeier, R. L. Gallo, M. Clauss, and R. Bals.** 2003. An angiogenic role for the human peptide antibiotic LL-37/hCAP-18. J Clin Invest **111:**1665-1672.

185. **Kokryakov, V. N., S. S. Harwig, E. A. Panyutich, A. A. Shevchenko, G. M. Aleshina, O. V. Shamova, H. A. Korneva, and R. I. Lehrer.** 1993. Protegrins: leukocyte antimicrobial peptides that combine features of corticostatic defensins and tachyplesins. FEBS Lett **327:**231-236.

186. **Kollias-Baker, C., and B. Johnson.** 1999. **A review of postmortem findings in cases of pneumonia in california racehorses.** Annual convention of the AAEP, IVIS,

187. **Kooi, C., and P. A. Sokol.** 2009. *Burkholderia cenocepacia* zinc metalloproteases influence resistance to antimicrobial peptides. Microbiology **155:**2818-2825.

188. **Kragol, G., S. Lovas, G. Varadi, B. A. Condie, R. Hoffmann, and L. Otvos, Jr.** 2001. The antibacterial peptide pyrrhocoricin inhibits the ATPase actions of DnaK and prevents chaperone-assisted protein folding. Biochemistry **40**:3016-3026.

189. **Krause, A., S. Neitz, H. J. Magert, A. Schulz, W. G. Forssmann, P. Schulz-Knappe, and K. Adermann.** 2000. LEAP-1, a novel highly disulfide-bonded human peptide, exhibits antimicrobial activity. FEBS Lett **480**:147-150.

190. **Kristian, S. A., V. Datta, C. Weidenmaier, R. Kansal, I. Fedtke, A. Peschel, R. L. Gallo, and V. Nizet.** 2005. D-alanylation of teichoic acids promotes group A *streptococcus* antimicrobial peptide resistance, neutrophil survival, and epithelial cell invasion. J Bacteriol **187**:6719-6725.

191. **Krugliak, M., R. Feder, V. Y. Zolotarev, L. Gaidukov, A. Dagan, H. Ginsburg, and A. Mor.** 2000. Antimalarial activities of dermaseptin S4 derivatives. Antimicrob Agents Chemother **44**:2442-2451.

192. **Kulkarni, M. M., W. R. McMaster, E. Kamysz, W. Kamysz, D. M. Engman, and B. S. McGwire.** 2006. The major surface-metalloprotease of the parasitic protozoan, Leishmania, protects against antimicrobial peptide-induced apoptotic killing. Mol Microbiol **62**:1484-1497.

193. **Larsen, L. E., T. Storgaard, and E. Holm.** 2001. Phylogenetic characterisation of the G(L) sequences of equine arteritis virus isolated from semen of asymptomatic stallions and fatal cases of equine viral arteritis in Denmark. Vet Microbiol **80**:339-346.

194. **Latal, A., G. Degovics, R. F. Epand, R. M. Epand, and K. Lohner.** 1997. Structural aspects of the interaction of peptidyl-glycylleucine-carboxyamide, a highly potent antimicrobial peptide from frog skin, with lipids. Eur J Biochem **248**:938-946.

195. **Laugier, C.** 2004. Rhodococcose : bilan partiel des cas enregistrés à l'autopsie en 2004 (du 1er janvier au 26 août). Bulletin du réseau d'épidémiosurveillance en pathologie équine **13**:3.

196. **Lavoie, J. P., L. Fiset, and S. Laverty.** 1994. Review of 40 cases of lung abscesses in foals and adult horses. Equine Vet J **26:**348-352.

197. **Le Sage, V., L. Zhu, C. Lepage, A. Portt, C. Viau, F. Daigle, S. Gruenheid, and H. Le Moual.** 2009. An outer membrane protease of the omptin family prevents activation of the *Citrobacter rodentium* PhoPQ two-component system by antimicrobial peptides. Mol Microbiol **74:**98-111.

198. **Lee, D. G., H. K. Kim, S. A. Kim, Y. Park, S. C. Park, S. H. Jang, and K. S. Hahm.** 2003. Fungicidal effect of indolicidin and its interaction with phospholipid membranes. Biochem Biophys Res Commun **305:**305-310.

199. **Lee, D. G., P. I. Kim, Y. Park, S. C. Park, E. R. Woo, and K. S. Hahm.** 2002. Antifungal mechanism of SMAP-29 (1-18) isolated from sheep myeloid mRNA against Trichosporon beigelii. Biochem Biophys Res Commun **295:**591-596.

200. **Lee, S. B., B. Li, S. Jin, and H. Daniell.** 2011. Expression and characterization of antimicrobial peptides Retrocyclin-101 and Protegrin-1 in chloroplasts to control viral and bacterial infections. Plant biotechnology journal **9:**100-115.

201. **Leeb, T., O. Bruhn, U. Philipp, H. Kuiper, P. Regenhard, S. Paul, O. Distl, B. P. Chowdhary, E. Kalm, and C. Looft.** 2005. Assignment of the equine S100A7 gene (psoriasin 1) to chromosome 5p12-->p13 by fluorescence in situ hybridization and radiation hybrid mapping. Cytogenet Genome Res **109:**533.

202. **Lehmann, J., M. Retz, S. S. Sidhu, H. Suttmann, M. Sell, F. Paulsen, J. Harder, G. Unteregger, and M. Stockle.** 2006. Antitumor activity of the antimicrobial peptide magainin II against bladder cancer cell lines. European urology **50:**141-147.

203. **Lehrer, R. I., and T. Ganz.** 2002. Defensins of vertebrate animals. Curr Opin Immunol **14:**96-102.

204. **Leonova, L., V. N. Kokryakov, G. Aleshina, T. Hong, T. Nguyen, C. Zhao, A. J. Waring, and R. I. Lehrer.** 2001. Circular minidefensins and posttranslational generation of molecular diversity. J Leukoc Biol **70:**461-464.

205. **Levy, S. B., and B. Marshall.** 2004. Antibacterial resistance worldwide: causes, challenges and responses. Nature medicine **10:**S122-129.

206. **Lico, C., L. Santi, R. M. Twyman, M. Pezzotti, and L. Avesani.** 2012. The use of plants for the production of therapeutic human peptides. Plant cell reports **31:**439-451.

207. **Linde, C. M., S. E. Hoffner, E. Refai, and M. Andersson.** 2001. In vitro activity of PR-39, a proline-arginine-rich peptide, against susceptible and multi-drug-resistant *Mycobacterium tuberculosis*. J Antimicrob Chemother **47:**575-580.

208. **Liu, L., and T. Ganz.** 1995. The pro region of human neutrophil defensin contains a motif that is essential for normal subcellular sorting. Blood **85:**1095-1103.

209. **Lofgren, S. E., L. C. Miletti, M. Steindel, E. Bachere, and M. A. Barracco.** 2008. Trypanocidal and leishmanicidal activities of different antimicrobial peptides (AMPs) isolated from aquatic animals. Exp Parasitol **118:**197-202.

210. **Looft, C., S. Paul, U. Philipp, P. Regenhard, H. Kuiper, O. Distl, B. P. Chowdhary, and T. Leeb.** 2006. Sequence analysis of a 212 kb defensin gene cluster on ECA 27q17. Gene **376:**192-198.

211. **Lopez-Garcia, B., J. F. Marcos, C. Abad, and E. Perez-Paya.** 2004. Stabilisation of mixed peptide/lipid complexes in selective antifungal hexapeptides. Biochim Biophys Acta **1660:**131-137.

212. **Lorin, C., H. Saidi, A. Belaid, A. Zairi, F. Baleux, H. Hocini, L. Belec, K. Hani, and F. Tangy.** 2005. The antimicrobial peptide dermaseptin S4 inhibits HIV-1 infectivity in vitro. Virology **334:**264-275.

213. **Lu, Z., Y. Wang, L. Zhai, Q. Che, H. Wang, S. Du, D. Wang, F. Feng, J. Liu, R. Lai, and H. Yu.** 2010. Novel cathelicidin-derived antimicrobial peptides from *Equus asinus*. Febs J **277:**2329-2339.

214. **Ludtke, S. J., K. He, W. T. Heller, T. A. Harroun, L. Yang, and H. W. Huang.** 1996. Membrane pores induced by magainin. Biochemistry **35:**13723-13728.

215. **Luque-Ortega, J. R., W. van't Hof, E. C. Veerman, J. M. Saugar, and L. Rivas.** 2008. Human antimicrobial peptide histatin 5 is a cell-penetrating peptide targeting mitochondrial ATP synthesis in *Leishmania*. Faseb J **22:**1817-1828.

216. **Lynn, M. A., J. Kindrachuk, A. K. Marr, H. Jenssen, N. Pante, M. R. Elliott, S. Napper, R. E. Hancock, and W. R. McMaster.** 2011. Effect of BMAP-28 antimicrobial peptides on *Leishmania major* promastigote and amastigote growth: role of leishmanolysin in parasite survival. PLoS neglected tropical diseases **5:**e1141.

217. **Ma, J. K., E. Barros, R. Bock, P. Christou, P. J. Dale, P. J. Dix, R. Fischer, J. Irwin, R. Mahoney, M. Pezzotti, S. Schillberg, P. Sparrow, E. Stoger, and R. M. Twyman.** 2005. Molecular farming for new drugs and vaccines. Current perspectives on the production of pharmaceuticals in transgenic plants. EMBO reports **6:**593-599.

218. **Madison, M. N., Y. Y. Kleshchenko, P. N. Nde, K. J. Simmons, M. F. Lima, and F. Villalta.** 2007. Human defensin alpha-1 causes *Trypanosoma cruzi* membrane pore formation and induces DNA fragmentation, which leads to trypanosome destruction. Infect Immun **75:**4780-4791.

219. **Magnusson, H.** 1923. Spezifische infektiose pneumonie biem fohlen. Ein neurer eiterreger biem pferd.22-38.

220. **Mahalka, A. K., and P. K. Kinnunen.** 2009. Binding of amphipathic alpha-helical antimicrobial peptides to lipid membranes: lessons from temporins B and L. Biochim Biophys Acta **1788:**1600-1609.

221. **Maisetta, G., F. L. Brancatisano, S. Esin, M. Campa, and G. Batoni.** 2011. Gingipains produced by *Porphyromonas gingivalis* ATCC49417 degrade human-beta-defensin 3 and affect peptide's antibacterial activity in vitro. Peptides **32:**1073-1077.

222. **Maloney, E., D. Stankowska, J. Zhang, M. Fol, Q. J. Cheng, S. Lun, W. R. Bishai, M. Rajagopalan, D. Chatterjee, and M. V. Madiraju.** 2009. The two-domain LysX protein of *Mycobacterium tuberculosis* is required for

production of lysinylated phosphatidylglycerol and resistance to cationic antimicrobial peptides. PLoS Pathog **5:**e1000534.

223. **Mangoni, M. L., N. Papo, J. M. Saugar, D. Barra, Y. Shai, M. Simmaco, and L. Rivas.** 2006. Effect of natural L- to D-amino acid conversion on the organization, membrane binding, and biological function of the antimicrobial peptides bombinins H. Biochemistry **45:**4266-4276.

224. **Mangoni, M. L., J. M. Saugar, M. Dellisanti, D. Barra, M. Simmaco, and L. Rivas.** 2005. Temporins, small antimicrobial peptides with leishmanicidal activity. J Biol Chem **280:**984-990.

225. **Marchetti, M., C. Longhi, M. P. Conte, S. Pisani, P. Valenti, and L. Seganti.** 1996. Lactoferrin inhibits herpes simplex virus type 1 adsorption to Vero cells. Antiviral Res **29:**221-231.

226. **Mardberg, K., E. Trybala, F. Tufaro, and T. Bergstrom.** 2002. Herpes simplex virus type 1 glycoprotein C is necessary for efficient infection of chondroitin sulfate-expressing gro2C cells. The Journal of general virology **83:**291-300.

227. **Marillonnet, S., A. Giritch, M. Gils, R. Kandzia, V. Klimyuk, and Y. Gleba.** 2004. In planta engineering of viral RNA replicons: efficient assembly by recombination of DNA modules delivered by *Agrobacterium*. Proc Natl Acad Sci U S A **101:**6852-6857.

228. **Marr, A. K., W. J. Gooderham, and R. E. Hancock.** 2006. Antibacterial peptides for therapeutic use: obstacles and realistic outlook. Curr Opin Pharmacol **6:**468-472.

229. **Martens, R. J., N. D. Cohen, S. L. Jones, T. A. Moore, and J. F. Edwards.** 2005. Protective role of neutrophils in mice experimentally infected with *Rhodococcus equi*. Infect Immun **73:**7040-7042.

230. **Mathur, J., and M. K. Waldor.** 2004. The *Vibrio cholerae* ToxR-regulated porin OmpU confers resistance to antimicrobial peptides. Infect Immun **72:**3577-3583.

231. **Matsuzaki, K., M. Harada, S. Funakoshi, N. Fujii, and K. Miyajima.** 1991. Physicochemical determinants for the interactions of magainins 1 and 2 with acidic lipid bilayers. Biochim Biophys Acta **1063**:162-170.

232. **Matsuzaki, K., M. Harada, T. Handa, S. Funakoshi, N. Fujii, H. Yajima, and K. Miyajima.** 1989. Magainin 1-induced leakage of entrapped calcein out of negatively-charged lipid vesicles. Biochim Biophys Acta **981**:130-134.

233. **Matsuzaki, K., O. Murase, and K. Miyajima.** 1995. Kinetics of pore formation by an antimicrobial peptide, magainin 2, in phospholipid bilayers. Biochemistry **34**:12553-12559.

234. **Matsuzaki, K., K. Sugishita, N. Ishibe, M. Ueha, S. Nakata, K. Miyajima, and R. M. Epand.** 1998. Relationship of membrane curvature to the formation of pores by magainin 2. Biochemistry **37**:11856-11863.

235. **Mauger, C.** 2009. DVM thesis. Retrospective study of equine rhodococcosis observed at autopsy on 1617 foals at the "LERPE" (AFSSA, Dozulé) from 1986 to 2006 [French]. Université Paul-Sabatier de Toulouse, France.

236. **McBride, S. M., and A. L. Sonenshein.** 2011. The *dlt* operon confers resistance to cationic antimicrobial peptides in *Clostridium difficile*. Microbiology **157**:1457-1465.

237. **Mercante, A. D., L. Jackson, P. J. Johnson, V. A. Stringer, D. W. Dyer, and W. M. Shafer.** 2012. MpeR regulates the *mtr* efflux locus in *Neisseria gonorrhoeae* and modulates antimicrobial resistance by an iron-responsive mechanism. Antimicrob Agents Chemother **56**:1491-1501.

238. **Mertz, P. M.** 2003. Cutaneous biofilms: friend or foe? . Wounds **15**:129-132.

239. **Meyer, J. E., J. Harder, B. Sipos, S. Maune, G. Kloppel, J. Bartels, J. M. Schroder, and R. Glaser.** 2008. Psoriasin (S100A7) is a principal antimicrobial peptide of the human tongue. Mucosal immunology **1**:239-243.

240. **Middleton, J. R., W. H. Fales, C. D. Luby, J. L. Oaks, S. Sanchez, J. M. Kinyon, C. C. Wu, C. W. Maddox, R. D. Welsh, and F. Hartmann.** 2005. Surveillance of *Staphylococcus aureus* in veterinary teaching hospitals. J Clin Microbiol **43**:2916-2919.

241. **Miller, S. I., A. M. Kukral, and J. J. Mekalanos.** 1989. A two-component regulatory system (phoP phoQ) controls *Salmonella typhimurium* virulence. Proc Natl Acad Sci U S A **86**:5054-5058.

242. **Miszczak, F., L. Legrand, U. B. Balasuriya, B. Ferry-Abitbol, J. Zhang, A. Hans, G. Fortier, S. Pronost, and A. Vabret.** 2012. Emergence of novel equine arteritis virus (EAV) variants during persistent infection in the stallion: origin of the 2007 French EAV outbreak was linked to an EAV strain present in the semen of a persistently infected carrier stallion. Virology **423**:165-174.

243. **Mitchell, B. M., D. C. Bloom, R. J. Cohrs, D. H. Gilden, and P. G. Kennedy.** 2003. Herpes simplex virus-1 and varicella-zoster virus latency in ganglia. Journal of neurovirology **9**:194-204.

244. **Miyasaki, K. T., R. Iofel, and R. I. Lehrer.** 1997. Sensitivity of periodontal pathogens to the bactericidal activity of synthetic protegrins, antibiotic peptides derived from porcine leukocytes. Journal of dental research **76**:1453-1459.

245. **Mohammadsadegh, M., S. Esmaeily, T. Zahraei Salehi, and S. Bokaie. 2007. Clitoral isolated bacteria from problem and pregnant mares in Iran.** Annual meeting of the European Federation Of Animal Science, http://www.eaap.org/Previous_Annual_Meetings/2007Dublin/Papers/S27_14_ Mohammadsadegh.pdf.

246. **Monreal, L., A. J. Villatoro, H. Hooghuis, I. Ros, and P. J. Timoney.** 1995. Clinical features of the 1992 outbreak of equine viral arteritis in Spain. Equine Vet J **27**:301-304.

247. **Moodley, A., E. C. Nightingale, M. Stegger, S. S. Nielsen, R. L. Skov, and L. Guardabassi.** 2008. High risk for nasal carriage of methicillin-resistant *Staphylococcus aureus* among Danish veterinary practitioners. Scandinavian journal of work, environment & health **34**:151-157.

248. **Mookherjee, N., K. L. Brown, D. M. Bowdish, S. Doria, R. Falsafi, K. Hokamp, F. M. Roche, R. Mu, G. H. Doho, J. Pistolic, J. P. Powers, J. Bryan, F. S. Brinkman, and R. E. Hancock.** 2006. Modulation of the TLR-

mediated inflammatory response by the endogenous human host defense peptide LL-37. J Immunol **176**:2455-2464.

249. **Moore, A. J., D. A. Devine, and M. C. Bibby.** 1994. Preliminary experimental anticancer activity of cecropins. Peptide research **7**:265-269.

250. **Moore, J. E., C. E. Goldsmith, B. C. Millar, P. J. Rooney, T. Buckley, J. S. Dooley, J. Rendall, and J. S. Elborn.** 2008. Cystic fibrosis and the isolation of *Pseudomonas aeruginosa* from horses. Vet Rec **163**:399-400.

251. **Moreira, C. K., F. G. Rodrigues, A. Ghosh, P. Varotti Fde, A. Miranda, S. Daffre, M. Jacobs-Lorena, and L. A. Moreira.** 2007. Effect of the antimicrobial peptide gomesin against different life stages of *Plasmodium spp.* Exp Parasitol **116**:346-353.

252. **Morimoto, M., H. Mori, T. Otake, N. Ueba, N. Kunita, M. Niwa, T. Murakami, and S. Iwanaga.** 1991. Inhibitory effect of tachyplesin I on the proliferation of human immunodeficiency virus *in vitro*. Chemotherapy **37**:206-211.

253. **Motzkus, D., S. Schulz-Maronde, A. Heitland, A. Schulz, W. G. Forssmann, M. Jubner, and E. Maronde.** 2006. The novel beta-defensin DEFB123 prevents lipopolysaccharide-mediated effects *in vitro* and *in vivo*. Faseb J **20**:1701-1702.

254. **Murphy, C. J., B. A. Foster, M. J. Mannis, M. E. Selsted, and T. W. Reid.** 1993. Defensins are mitogenic for epithelial cells and fibroblasts. J Cell Physiol **155**:408-413.

255. **Murphy, T. W., W. H. McCollum, P. J. Timoney, B. W. Klingeborn, B. Hyllseth, W. Golnik, and B. Erasmus.** 1992. Genomic variability among globally distributed isolates of equine arteritis virus. Vet Microbiol **32**:101-115.

256. **Murray, P. R., K. S. Rosenthal, and M. A. Pfaller.** 2009. Medical microbiology, 6th ed. Mosby Elsevier, Philadelphia, PA.

257. **Muscatello, G., G. A. Anderson, J. R. Gilkerson, and G. F. Browning.** 2006. Associations between the ecology of virulent *Rhodococcus equi* and the

epidemiology of *R. equi* pneumonia on Australian thoroughbred farms. Appl Environ Microbiol **72**:6152-6160.

258. **Mygind, P. H., R. L. Fischer, K. M. Schnorr, M. T. Hansen, C. P. Sonksen, S. Ludvigsen, D. Raventos, S. Buskov, B. Christensen, L. De Maria, O. Taboureau, D. Yaver, S. G. Elvig-Jorgensen, M. V. Sorensen, B. E. Christensen, S. Kjaerulff, N. Frimodt-Moller, R. I. Lehrer, M. Zasloff, and H. H. Kristensen.** 2005. Plectasin is a peptide antibiotic with therapeutic potential from a saprophytic fungus. Nature **437**:975-980.

259. **Nguyen, E. K., G. R. Nemerow, and J. G. Smith.** 2010. Direct evidence from single-cell analysis that human {alpha}-defensins block adenovirus uncoating to neutralize infection. J Virol **84**:4041-4049.

260. **Nicolas, P., and C. El Amri.** 2009. The dermaseptin superfamily: a gene-based combinatorial library of antimicrobial peptides. Biochim Biophys Acta **1788**:1537-1550.

261. **Nijnik, A., and R. E. W. Hancock.** 2009. host defence peptides: antimicrobial and immunomodulatory activity and potential applications for tackling antibiotic-resistant infections. Emerging Health Threats Journal **2**:1-7.

262. **Nishimura, M., Y. Abiko, Y. Kurashige, M. Takeshima, M. Yamazaki, K. Kusano, M. Saitoh, K. Nakashima, T. Inoue, and T. Kaku.** 2004. Effect of defensin peptides on eukaryotic cells: primary epithelial cells, fibroblasts and squamous cell carcinoma cell lines. J Dermatol Sci **36**:87-95.

263. **Niyonsaba, F., K. Iwabuchi, H. Matsuda, H. Ogawa, and I. Nagaoka.** 2002. Epithelial cell-derived human beta-defensin-2 acts as a chemotaxin for mast cells through a pertussis toxin-sensitive and phospholipase C-dependent pathway. Int Immunol **14**:421-426.

264. **Niyonsaba, F., K. Iwabuchi, A. Someya, M. Hirata, H. Matsuda, H. Ogawa, and I. Nagaoka.** 2002. A cathelicidin family of human antibacterial peptide LL-37 induces mast cell chemotaxis. Immunology **106**:20-26.

265. **Niyonsaba, F., H. Ogawa, and I. Nagaoka.** 2004. Human beta-defensin-2 functions as a chemotactic agent for tumour necrosis factor-alpha-treated human neutrophils. Immunology **111**:273-281.

266. **Nizet, V.** 2006. Antimicrobial peptide resistance mechanisms of human bacterial pathogens. Curr Issues Mol Biol **8**:11-26.

267. **Novikova, M., A. Metlitskaya, K. Datsenko, T. Kazakov, A. Kazakov, B. Wanner, and K. Severinov.** 2007. The *Escherichia coli* Yej transporter is required for the uptake of translation inhibitor microcin C. J Bacteriol **189**:8361-8365.

268. **O'Mahony, R., Y. Abbott, F. C. Leonard, B. K. Markey, P. J. Quinn, P. J. Pollock, S. Fanning, and A. S. Rossney.** 2005. Methicillin-resistant *Staphylococcus aureus* (MRSA) isolated from animals and veterinary personnel in Ireland. Vet Microbiol **109**:285-296.

269. **Ohgami, K., I. B. Ilieva, K. Shiratori, E. Isogai, K. Yoshida, S. Kotake, T. Nishida, N. Mizuki, and S. Ohno.** 2003. Effect of human cationic antimicrobial protein 18 Peptide on endotoxin-induced uveitis in rats. Invest Ophthalmol Vis Sci **44**:4412-4418.

270. **Ohsaki, Y., A. F. Gazdar, H. C. Chen, and B. E. Johnson.** 1992. Antitumor activity of magainin analogues against human lung cancer cell lines. Cancer research **52**:3534-3538.

271. **OIE.** 2008. Chapter 2.5.3 Dourine, Manual of diagnostic tests and vaccines for terrestrial animals, 6th ed, vol. 1

272. **OIE.** 2008. Chapter 2.5.10 Equine viral arteritis, Manual of diagnostic tests and vaccines for terrestrial animals, 6th ed, vol. 1.

273. **OIE.** 2011. **Dourine in Italy, immediate notification report**, http://web.oie.int/wahis/public.php?page=single_report&pop=1&reportid=106 96.

274. **Oliveira Filho, J. P., P. R. Badial, P. H. Cunha, T. F. Cruz, J. P. Araujo, Jr., T. J. Divers, N. J. Winand, and A. S. Borges.** 2010. Cloning, sequencing

and expression analysis of the equine hepcidin gene by real-time PCR. Vet Immunol Immunopathol **135**:34-42.

275. **Otto, M.** 2009. Bacterial sensing of antimicrobial peptides. Contrib Microbiol **16**:136-149.

276. **Ouellette, A. J.** 2004. Defensin-mediated innate immunity in the small intestine. Best Pract Res Clin Gastroenterol **18**:405-419.

277. **Oyston, P. C., M. A. Fox, S. J. Richards, and G. C. Clark.** 2009. Novel peptide therapeutics for treatment of infections. J Med Microbiol **58**:977-987.

278. **Paget, B. W., J. L. Harper, and B. J. Haigh.** 2012. Bovine cathelicidin peptides induce differential effects on neutrophil activity in a sequence and structure dependent manner, Presented at the 3rd Antimicrobial peptide symposium Lille, France, 13th-15th of June.

279. **Parisien, A., B. Allain, J. Zhang, R. Mandeville, and C. Q. Lan.** 2008. Novel alternatives to antibiotics: bacteriophages, bacterial cell wall hydrolases, and antimicrobial peptides. J Appl Microbiol **104**:1-13.

280. **Park, C. B., H. S. Kim, and S. C. Kim.** 1998. Mechanism of action of the antimicrobial peptide buforin II: buforin II kills microorganisms by penetrating the cell membrane and inhibiting cellular functions. Biochem Biophys Res Commun **244**:253-257.

281. **Park, S. C., Y. Park, and K. S. Hahm.** 2011. The role of antimicrobial peptides in preventing multidrug-resistant bacterial infections and biofilm formation. Int J Mol Sci **12**:5971-5992.

282. **Parra-Lopez, C., M. T. Baer, and E. A. Groisman.** 1993. Molecular genetic analysis of a locus required for resistance to antimicrobial peptides in *Salmonella typhimurium*. The EMBO journal **12**:4053-4062.

283. **Parra-Lopez, C., R. Lin, A. Aspedon, and E. A. Groisman.** 1994. A *Salmonella* protein that is required for resistance to antimicrobial peptides and transport of potassium. The EMBO journal **13**:3964-3972.

284. **Patrzykat, A., C. L. Friedrich, L. Zhang, V. Mendoza, and R. E. Hancock.** 2002. Sublethal concentrations of pleurocidin-derived antimicrobial peptides

inhibit macromolecular synthesis in Escherichia coli. Antimicrob Agents Chemother **46**:605-614.

285. **Paweska, J. T., H. Aitchison, E. D. Chirnside, and B. J. Barnard.** 1996. Transmission of the South African asinine strain of equine arteritis virus (EAV) among horses and between donkeys and horses. The Onderstepoort journal of veterinary research **63**:189-196.

286. **Paweska, J. T., M. M. Binns, P. S. Woods, and E. D. Chirnside.** 1997. A survey for antibodies to equine arteritis virus in donkeys, mules and zebra using virus neutralisation (VN) and enzyme linked immunosorbent assay (ELISA). Equine Vet J **29**:40-43.

287. **Pellegrini, A., G. Hageli, and R. von Fellenberg.** 1988. Isolation and characterization of three protein proteinase isoinhibitors from the granular fraction of horse neutrophilic granulocytes. Biochem Biophys Res Commun **154**:1107-1113.

288. **Pellegrini, A., G. Hageli, and R. von Fellenberg.** 1988. Isolation and characterization of two new low-molecular-weight protein proteinase inhibitors from the granule-rich fraction of equine neutrophilic granulocytes. Biochim Biophys Acta **952**:309-316.

289. **Pellegrini, A., M. Kalkinc, M. Hermann, B. Grunig, C. Winder, and R. Von Fellenberg.** 1998. Equinins in equine neutrophils: quantification in tracheobronchial secretions as an aid in the diagnosis of chronic pulmonary disease. Vet J **155**:257-262.

290. **Perego, M., P. Glaser, A. Minutello, M. A. Strauch, K. Leopold, and W. Fischer.** 1995. Incorporation of D-alanine into lipoteichoic acid and wall teichoic acid in *Bacillus subtilis*. Identification of genes and regulation. J Biol Chem **270**:15598-15606.

291. **Perron, G. G., M. Zasloff, and G. Bell.** 2006. Experimental evolution of resistance to an antimicrobial peptide. Proc Biol Sci **273**:251-256.

292. **Peschel, A., R. W. Jack, M. Otto, L. V. Collins, P. Staubitz, G. Nicholson, H. Kalbacher, W. F. Nieuwenhuizen, G. Jung, A. Tarkowski, K. P. van**

Kessel, and J. A. van Strijp. 2001. *Staphylococcus aureus* resistance to human defensins and evasion of neutrophil killing via the novel virulence factor MprF is based on modification of membrane lipids with l-lysine. J Exp Med **193**:1067-1076.

293. **Peschel, A., M. Otto, R. W. Jack, H. Kalbacher, G. Jung, and F. Gotz.** 1999. Inactivation of the *dlt* operon in *Staphylococcus aureus* confers sensitivity to defensins, protegrins, and other antimicrobial peptides. J Biol Chem **274**:8405-8410.

294. **Pini, A., C. Falciani, E. Mantengoli, S. Bindi, J. Brunetti, S. Iozzi, G. M. Rossolini, and L. Bracci.** 2010. A novel tetrabranched antimicrobial peptide that neutralizes bacterial lipopolysaccharide and prevents septic shock *in vivo*. Faseb J **24**:1015-1022.

295. **Pitzschke, A., and H. Hirt.** 2010. New insights into an old story: *Agrobacterium*-induced tumour formation in plants by plant transformation. The EMBO journal **29**:1021-1032.

296. **Powers, J. P., and R. E. Hancock.** 2003. The relationship between peptide structure and antibacterial activity. Peptides **24**:1681-1691.

297. **Protein Calculator v3.3.** 2006, http://www.scripps.edu/~cdputnam/protcalc.html

298. **Quinones-Mateu, M. E., M. M. Lederman, Z. Feng, B. Chakraborty, J. Weber, H. R. Rangel, M. L. Marotta, M. Mirza, B. Jiang, P. Kiser, K. Medvik, S. F. Sieg, and A. Weinberg.** 2003. Human epithelial beta-defensins 2 and 3 inhibit HIV-1 replication. AIDS **17**:F39-48.

299. **Rajabi, M., E. de Leeuw, M. Pazgier, J. Li, J. Lubkowski, and W. Lu.** 2008. The conserved salt bridge in human alpha-defensin 5 is required for its precursor processing and proteolytic stability. J Biol Chem **283**:21509-21518.

300. **Rankin, S. C., J. M. Whichard, K. Joyce, L. Stephens, K. O'Shea, H. Aceto, D. S. Munro, and C. E. Benson.** 2005. Detection of a bla(SHV) extended-spectrum {beta}-lactamase in *Salmonella enterica* serovar Newport MDR-AmpC. J Clin Microbiol **43**:5792-5793.

301. **Ravi, C., A. Jeyashree, and K. Renuka Devi.** 2011. Antimicrobial peptides from insects: an overview. Research in Biotechnology **2**:01-07.

302. **Ritov, V. B., I. L. Tverdislova, T. Avakyan, E. V. Menshikova, N. Leikin Yu, L. B. Bratkovskaya, and R. G. Shimon.** 1992. Alamethicin-induced pore formation in biological membranes. General physiology and biophysics **11**:49-58.

303. **Robey, M., W. O'Connell, and N. P. Cianciotto.** 2001. Identification of *Legionella pneumophila rcp, a pagP*-like gene that confers resistance to cationic antimicrobial peptides and promotes intracellular infection. Infect Immun **69**:4276-4286.

304. **Robinson, W. E., Jr., B. McDougall, D. Tran, and M. E. Selsted.** 1998. Anti-HIV-1 activity of indolicidin, an antimicrobial peptide from neutrophils. J Leukoc Biol **63**:94-100.

305. **Rodriguez, M. C., F. Zamudio, J. A. Torres, L. Gonzalez-Ceron, L. D. Possani, and M. H. Rodriguez.** 1995. Effect of a cecropin-like synthetic peptide (Shiva-3) on the sporogonic development of *Plasmodium berghei*. Exp Parasitol **80**:596-604.

306. **Rollins-Smith, L. A., C. Carey, J. Longcore, J. K. Doersam, A. Boutte, J. E. Bruzgal, and J. M. Conlon.** 2002. Activity of antimicrobial skin peptides from ranid frogs against *Batrachochytrium dendrobatidis*, the chytrid fungus associated with global amphibian declines. Dev Comp Immunol **26**:471-479.

307. **Rouquette, C., J. B. Harmon, and W. M. Shafer.** 1999. Induction of the *mtrCDE*-encoded efflux pump system of *Neisseria gonorrhoeae* requires MtrA, an AraC-like protein. Mol Microbiol **33**:651-658.

308. **Roy, H., and M. Ibba.** 2009. Broad range amino acid specificity of RNA-dependent lipid remodeling by multiple peptide resistance factors. J Biol Chem **284**:29677-29683.

309. **Rush, B., and T. S. Mair.** 2005. Equine respiratory diseases. Blackwell Science Ltd.

310. **Ryu, S. H., H. C. Koo, Y. W. Lee, Y. H. Park, and C. W. Lee.** 2011. Etiologic and epidemiologic analysis of bacterial infectious upper respiratory disease in Thoroughbred horses at the Seoul Race Park. Journal of veterinary science **12:**195-197.

311. **Sakamoto, N., H. Mukae, T. Fujii, H. Ishii, S. Yoshioka, T. Kakugawa, K. Sugiyama, Y. Mizuta, J. Kadota, M. Nakazato, and S. Kohno.** 2005. Differential effects of alpha- and beta-defensin on cytokine production by cultured human bronchial epithelial cells. Am J Physiol Lung Cell Mol Physiol **288:**L508-513.

312. **Samant, S., F. F. Hsu, A. A. Neyfakh, and H. Lee.** 2009. The *Bacillus anthracis* protein MprF is required for synthesis of lysylphosphatidylglycerols and for resistance to cationic antimicrobial peptides. J Bacteriol **191:**1311-1319.

313. **Samper, J. C., and A. Tibary.** 2006. Disease transmission in horses. Theriogenology **66:**551-559.

314. **Sato, H., and J. B. Feix.** 2006. Peptide-membrane interactions and mechanisms of membrane destruction by amphipathic alpha-helical antimicrobial peptides. Biochim Biophys Acta **1758:**1245-1256.

315. **Schmidtchen, A., I. M. Frick, E. Andersson, H. Tapper, and L. Bjorck.** 2002. Proteinases of common pathogenic bacteria degrade and inactivate the antibacterial peptide LL-37. Mol Microbiol **46:**157-168.

316. **Scocchi, M., D. Bontempo, S. Boscolo, L. Tomasinsig, E. Giulotto, and M. Zanetti.** 1999. Novel cathelicidins in horse leukocytes. FEBS Lett **457:**459-464.

317. **Scott, M. G., A. C. Vreugdenhil, W. A. Buurman, R. E. Hancock, and M. R. Gold.** 2000. Cutting edge: cationic antimicrobial peptides block the binding of lipopolysaccharide (LPS) to LPS binding protein. J Immunol **164:**549-553.

318. **Selsted, M. E., M. J. Novotny, W. L. Morris, Y. Q. Tang, W. Smith, and J. S. Cullor.** 1992. Indolicidin, a novel bactericidal tridecapeptide amide from neutrophils. J Biol Chem **267:**4292-4295.

319. **Shafer, W. M., X. Qu, A. J. Waring, and R. I. Lehrer.** 1998. Modulation of *Neisseria gonorrhoeae* susceptibility to vertebrate antibacterial peptides due to a member of the resistance/nodulation/division efflux pump family. Proc Natl Acad Sci U S A **95:**1829-1833.

320. **Shahabuddin, M., I. Fields, P. Bulet, J. A. Hoffmann, and L. H. Miller.** 1998. *Plasmodium gallinaceum:* differential killing of some mosquito stages of the parasite by insect defensin. Exp Parasitol **89:**103-112.

321. **Shai, Y., and Z. Oren.** 2001. From "carpet" mechanism to de-novo designed diastereomeric cell-selective antimicrobial peptides. Peptides **22:**1629-1641.

322. **Sharma, S., and G. Khuller.** 2001. DNA as the intracellular secondary target for antibacterial action of human neutrophil peptide-I against Mycobacterium tuberculosis H37Ra. Current microbiology **43:**74-76.

323. **Shelton, C. L., F. K. Raffel, W. L. Beatty, S. M. Johnson, and K. M. Mason.** 2011. Sap transporter mediated import and subsequent degradation of antimicrobial peptides in *Haemophilus.* PLoS Pathog **7:**e1002360.

324. **Shimizu, A., J. Kawano, C. Yamamoto, O. Kakutani, T. Anzai, and M. Kamada.** 1997. Genetic analysis of equine methicillin-resistant *Staphylococcus aureus* by pulsed-field gel electrophoresis. The Journal of veterinary medical science / the Japanese Society of Veterinary Science **59:**935-937.

325. **Sieprawska-Lupa, M., P. Mydel, K. Krawczyk, K. Wojcik, M. Puklo, B. Lupa, P. Suder, J. Silberring, M. Reed, J. Pohl, W. Shafer, F. McAleese, T. Foster, J. Travis, and J. Potempa.** 2004. Degradation of human antimicrobial peptide LL-37 by *Staphylococcus aureus*-derived proteinases. Antimicrob Agents Chemother **48:**4673-4679.

326. **SIMV.** 2012. Challenges et opportunités pour le marché du médicament vétérinaire équin, Presented at the Journée de présentation des équipes de recherche membres de la fondation Hippolia Cabourg, France, 16th of march.

327. **Syndicat de l'Industrie du Médicament Vétérinaire et Réactif.** http://www.simv.org/index.htm [Online.]

328. **Singer, E. R., F. Saxby, and N. P. French.** 2003. A retrospective case-control study of horse falls in the sport of horse trials and three-day eventing. Equine Vet J **35:**139-145.

329. **Singh, B. R., N. Babu, J. Jyoti, H. Shankar, T. V. Vijo, R. K. Agrawal, M. Chandra, D. Kumar, and A. Teewari.** 2007. prevalence of multi-drug-resistant *Salmonella* in equids maintained by low income individuals and on designated equine farms in India. Journal of Equine Veterinary Science **27:**266-276.

330. **Sinha, S., N. Cheshenko, R. I. Lehrer, and B. C. Herold.** 2003. NP-1, a rabbit alpha-defensin, prevents the entry and intercellular spread of herpes simplex virus type 2. Antimicrob Agents Chemother **47:**494-500.

331. **Sitaram, N., and R. Nagaraj.** 1999. Interaction of antimicrobial peptides with biological and model membranes: structural and charge requirements for activity. Biochim Biophys Acta **1462:**29-54.

332. **Skerlavaj, B., M. Scocchi, R. Gennaro, A. Risso, and M. Zanetti.** 2001. Structural and functional analysis of horse cathelicidin peptides. Antimicrob Agents Chemother **45:**715-722.

333. **Snijder, E. J.** 2001. Arteriviruses, p. 1205-1220. *In* D. M. Knipe and P. M. Howley (ed.), 4th ed. Lippincott, Williams and Wilkins, Philadelphia.

334. **Soballe, P. W., W. L. Maloy, M. L. Myrga, L. S. Jacob, and M. Herlyn.** 1995. Experimental local therapy of human melanoma with lytic magainin peptides. Int J Cancer **60:**280-284.

335. **Sohlenkamp, C., K. A. Galindo-Lagunas, Z. Guan, P. Vinuesa, S. Robinson, J. Thomas-Oates, C. R. Raetz, and O. Geiger.** 2007. The lipid lysyl-phosphatidylglycerol is present in membranes of *Rhizobium tropici* CIAT899 and confers increased resistance to polymyxin B under acidic growth conditions. Molecular plant-microbe interactions : MPMI **20:**1421-1430.

336. **Soravia, E., G. Martini, and M. Zasloff.** 1988. Antimicrobial properties of peptides from *Xenopus granular* gland secretions. FEBS Lett **228:**337-340.

337. **Steinberg, D. A., M. A. Hurst, C. A. Fujii, A. H. Kung, J. F. Ho, F. C. Cheng, D. J. Loury, and J. C. Fiddes.** 1997. Protegrin-1: a broad-spectrum, rapidly microbicidal peptide with *in vivo* activity. Antimicrob Agents Chemother **41**:1738-1742.

338. **Steiner, H., D. Andreu, and R. B. Merrifield.** 1988. Binding and action of cecropin and cecropin analogues: antibacterial peptides from insects. Biochim Biophys Acta **939**:260-266.

339. **Steinstraesser, L., U. M. Kraneburg, T. Hirsch, M. Kesting, H. U. Steinau, F. Jacobsen, and S. Al-Benna.** 2009. Host defense peptides as effector molecules of the innate immune response: a sledgehammer for drug resistance? Int J Mol Sci **10**:3951-3970.

340. **Stewart, P. S., and J. W. Costerton.** 2001. Antibiotic resistance of bacteria in biofilms. Lancet **358**:135-138.

341. **Stotz, H. U., J. G. Thomson, and Y. Wang.** 2009. Plant defensins: defense, development and application. Plant signaling & Behavior **4**:1010-1012.

342. **Strandberg, E., D. Tiltak, M. Ieronimo, N. Kanithasen, P. Wadhwani, and A. S. Ulrich.** 2007. Influence of C-terminal amidation on the antimicrobial and hemolytic activities of cationic alpha-helical peptides. Pure Appl. Chem. **79**:717-728.

343. **Stumpe, S., R. Schmid, D. L. Stephens, G. Georgiou, and E. P. Bakker.** 1998. Identification of OmpT as the protease that hydrolyzes the antimicrobial peptide protamine before it enters growing cells of *Escherichia coli*. J Bacteriol **180**:4002-4006.

344. **Subbalakshmi, C., and N. Sitaram.** 1998. Mechanism of antimicrobial action of indolicidin. FEMS microbiology letters **160**:91-96.

345. **Susman, E.** 2004. Getting to the core of antimicrobials. Environmental health perspectives **112**:A931.

346. **Suttmann, H., M. Retz, F. Paulsen, J. Harder, U. Zwergel, J. Kamradt, B. Wullich, G. Unteregger, M. Stockle, and J. Lehmann.** 2008. Antimicrobial

peptides of the Cecropin-family show potent antitumor activity against bladder cancer cells. BMC urology **8**:5.

347. **Takai, S., Y. Sasaki, and S. Tsubaki.** 1995. *Rhodococcus equi* infection in foals: current concepts and implication for future research. J. Equine Sci. **6**:105-119.

348. **Tan, B. H., C. Meinken, M. Bastian, H. Bruns, A. Legaspi, M. T. Ochoa, S. R. Krutzik, B. R. Bloom, T. Ganz, R. L. Modlin, and S. Stenger.** 2006. Macrophages acquire neutrophil granules for antimicrobial activity against intracellular pathogens. J Immunol **177**:1864-1871.

349. **Tang, Y. Q., J. Yuan, C. J. Miller, and M. E. Selsted.** 1999. Isolation, characterization, cDNA cloning, and antimicrobial properties of two distinct subfamilies of alpha-defensins from rhesus macaque leukocytes. Infect Immun **67**:6139-6144.

350. **Tazumi, A., Y. Maeda, C. E. Goldsmith, B. C. Millar, J. C. Rendall, J. S. Elborn, T. Buckley, M. Matsuda, and J. E. Moore.** 2010. Do equine strains of Pseudomonas aeruginosa carry the Liverpool epidemic strain markers relevant to patients with cystic fibrosis? British journal of biomedical science **67**:30-31.

351. **Territo, M. C., T. Ganz, M. E. Selsted, and R. Lehrer.** 1989. Monocyte-chemotactic activity of defensins from human neutrophils. J Clin Invest **84**:2017-2020.

352. **Thedieck, K., T. Hain, W. Mohamed, B. J. Tindall, M. Nimtz, T. Chakraborty, J. Wehland, and L. Jansch.** 2006. The MprF protein is required for lysinylation of phospholipids in listerial membranes and confers resistance to cationic antimicrobial peptides (CAMPs) on *Listeria monocytogenes*. Mol Microbiol **62**:1325-1339.

353. **Thomassin, J. L., J. R. Brannon, B. F. Gibbs, S. Gruenheid, and H. Le Moual.** 2012. OmpT outer membrane proteases of enterohemorrhagic and enteropathogenic *Escherichia coli* contribute differently to the degradation of human LL-37. Infect Immun **80**:483-492.

354. **Tibary, A., and C. L. Fite.** 2007. equine infectious diseases. Saunders Elsevier, St Louis.

355. **Timoney, P. J., and W. H. McCollum.** 1993. Equine viral arteritis. The Veterinary clinics of North America. Equine practice **9:**295-309.

356. **Timoney, P. J., W. H. McCollum, A. W. Roberts, and T. W. Murphy.** 1986. Demonstration of the carrier state in naturally acquired equine arteritis virus infection in the stallion. Research in veterinary science **41:**279-280.

357. **Tokateloff, N., S. T. Manning, J. S. Weese, J. Campbell, J. Rothenburger, C. Stephen, V. Bastura, S. P. Gow, and R. Reid-Smith.** 2009. Prevalence of methicillin-resistant *Staphylococcus aureus* colonization in horses in Saskatchewan, Alberta, and British Columbia. Can Vet J **50:**1177-1180.

358. **Topino, S., V. Galati, E. Grilli, and N. Petrosillo.** 2010. *Rhodococcus equi* infection in HIV-infected individuals: case reports and review of the literature. AIDS Patient Care STDS **24:**211-222.

359. **Tossi, A., L. Sandri, and A. Giangaspero.** 2000. Amphipathic, alpha-helical antimicrobial peptides. Biopolymers **55:**4-30.

360. **Toyooka, K., S. Takai, and T. Kirikae.** 2005. *Rhodococcus equi* can survive a phagolysosomal environment in macrophages by suppressing acidification of the phagolysosome. J Med Microbiol **54:**1007-1015.

361. **Traub-Dargatz, J. L., L. P. Garber, P. J. Fedorka-Cray, S. Ladely, and K. E. Ferris.** 2000. Fecal shedding of *Salmonella* spp by horses in the United States during 1998 and 1999 and detection of *Salmonella* spp in grain and concentrate sources on equine operations. J Am Vet Med Assoc **217:**226-230.

362. **Tugyi, R., K. Uray, D. Ivan, E. Fellinger, A. Perkins, and F. Hudecz.** 2005. Partial D-amino acid substitution: Improved enzymatic stability and preserved Ab recognition of a MUC2 epitope peptide. Proc Natl Acad Sci U S A **102:**413-418.

363. **Tyler, K. M., and D. M. Engman.** 2001. The life cycle of *Trypanosoma cruzi* revisited. International journal for parasitology **31:**472-481.

364. **Tzeng, Y. L., K. D. Ambrose, S. Zughaier, X. Zhou, Y. K. Miller, W. M. Shafer, and D. S. Stephens.** 2005. Cationic antimicrobial peptide resistance in *Neisseria meningitidis.* J Bacteriol **187:**5387-5396.

365. **Uematsu, N., and K. Matsuzaki.** 2000. Polar angle as a determinant of amphipathic alpha-helix-lipid interactions: a model peptide study. Biophys J **79:**2075-2083.

366. **Vaala, W. E., A. N. Hamir, E. J. Dubovi, P. J. Timoney, and B. Ruiz.** 1992. Fatal, congenitally acquired infection with equine arteritis virus in a neonatal thoroughbred. Equine Vet J **24:**155-158.

367. **Valore, E. V., E. Martin, S. S. Harwig, and T. Ganz.** 1996. Intramolecular inhibition of human defensin HNP-1 by its propiece. J Clin Invest **97:**1624-1629.

368. **Van den Eede, A., A. Martens, U. Lipinska, M. Struelens, A. Deplano, O. Denis, F. Haesebrouck, F. Gasthuys, and K. Hermans.** 2009. High occurrence of methicillin-resistant *Staphylococcus aureus* ST398 in equine nasal samples. Vet Microbiol **133:**138-144.

369. **van Duijkeren, E., M. Moleman, M. M. Sloet van Oldruitenborgh-Oosterbaan, J. Multem, A. Troelstra, A. C. Fluit, W. J. van Wamel, D. J. Houwers, A. J. de Neeling, and J. A. Wagenaar.** 2010. Methicillin-resistant *Staphylococcus aureus* in horses and horse personnel: an investigation of several outbreaks. Vet Microbiol **141:**96-102.

370. **Van Wetering, S., S. P. Mannesse-Lazeroms, M. A. Van Sterkenburg, M. R. Daha, J. H. Dijkman, and P. S. Hiemstra.** 1997. Effect of defensins on interleukin-8 synthesis in airway epithelial cells. Am J Physiol **272:**L888-896.

371. **VanCompernolle, S. E., R. J. Taylor, K. Oswald-Richter, J. Jiang, B. E. Youree, J. H. Bowie, M. J. Tyler, J. M. Conlon, D. Wade, C. Aiken, T. S. Dermody, V. N. KewalRamani, L. A. Rollins-Smith, and D. Unutmaz.** 2005. Antimicrobial peptides from amphibian skin potently inhibit human immunodeficiency virus infection and transfer of virus from dendritic cells to T cells. J Virol **79:**11598-11606.

372. **Vaysse, J., and G. Zottner**. 1950. Contribution à l'étude de la chimiothérapie et de la chimioprévention de la dourine par l'antracyde. Bull. Off. Int. Epiz. **34:**172-179.

373. **Verga Falzacappa, M. V., and M. U. Muckenthaler**. 2005. Hepcidin: iron-hormone and anti-microbial peptide. Gene **364:**37-44.

374. **Veronese, F. M., and A. Mero**. 2008. The impact of PEGylation on biological therapies. BioDrugs : clinical immunotherapeutics, biopharmaceuticals and gene therapy **22:**315-329.

375. **Vo, A. T., E. van Duijkeren, A. C. Fluit, and W. Gaastra**. 2007. Characteristics of extended-spectrum cephalosporin-resistant *Escherichia coli* and *Klebsiella pneumoniae* isolates from horses. Vet Microbiol **124:**248-255.

376. **Wachinger, M., A. Kleinschmidt, D. Winder, N. von Pechmann, A. Ludvigsen, M. Neumann, R. Holle, B. Salmons, V. Erfle, and R. Brack-Werner**. 1998. Antimicrobial peptides melittin and cecropin inhibit replication of human immunodeficiency virus 1 by suppressing viral gene expression. The Journal of general virology **79 (Pt 4):**731-740.

377. **Wakabayashi, H., M. Takase, and M. Tomita**. 2003. Lactoferricin derived from milk protein lactoferrin. Curr Pharm Des **9:**1277-1287.

378. **Walther, B., S. Monecke, C. Ruscher, A. W. Friedrich, R. Ehricht, P. Slickers, A. Soba, C. G. Wleklinski, L. H. Wieler, and A. Lubke-Becker**. 2009. Comparative molecular analysis substantiates zoonotic potential of equine methicillin-resistant *Staphylococcus aureus*. J Clin Microbiol **47:**704-710.

379. **Wang, P., Y. H. Nan, and S. Y. Shin**. 2010. Candidacidal mechanism of a Leu/Lys-rich alpha-helical amphipathic model antimicrobial peptide and its diastereomer composed of D,L-amino acids. J Pept Sci **16:**601-606.

380. **Ward, M. P., T. H. Brady, L. L. Couetil, K. Liljebjelke, J. J. Maurer, and C. C. Wu**. 2005. Investigation and control of an outbreak of salmonellosis caused by multidrug-resistant *Salmonella* Typhimurium in a population of hospitalized horses. Vet Microbiol **107:**233-240.

381. **Weese, J. S., M. Archambault, B. M. Willey, P. Hearn, B. N. Kreiswirth, B. Said-Salim, A. McGeer, Y. Likhoshvay, J. F. Prescott, and D. E. Low.** 2005. Methicillin-resistant *Staphylococcus aureus* in horses and horse personnel, 2000-2002. Emerging infectious diseases **11**:430-435.

382. **Weese, J. S., J. D. Baird, C. Poppe, and M. Archambault.** 2001. Emergence of *Salmonella* Typhimurium definitive type 104 (DT104) as an important cause of salmonellosis in horses in Ontario. Can Vet J **42**:788-792.

383. **Weese, J. S., and J. Rousseau.** 2005. Attempted eradication of methicillin-resistant *staphylococcus aureus* colonisation in horses on two farms. Equine Vet J **37**:510-514.

384. **Weese, J. S., J. Rousseau, J. L. Traub-Dargatz, B. M. Willey, A. J. McGeer, and D. E. Low.** 2005. Community-associated methicillin-resistant *Staphylococcus aureus* in horses and humans who work with horses. J Am Vet Med Assoc **226**:580-583.

385. **Weese, J. S., J. Rousseau, B. M. Willey, M. Archambault, A. McGeer, and D. E. Low.** 2006. Methicillin-resistant *Staphylococcus aureus* in horses at a veterinary teaching hospital: frequency, characterization, and association with clinical disease. J Vet Intern Med **20**:182-186.

386. **Weinstock, D. M., and A. E. Brown.** 2002. *Rhodococcus equi*: an emerging pathogen. Clin Infect Dis **34**:1379-1385.

387. **Westgate, F. J., P. S. L., K. D.C., C. P.D., and C. C. A.** 2010. Chronic wounds: what is the role of infection and biofilms. Wounds **22**:138-145.

388. **Westgate, S. J., S. L. Percival, D. C. Knottenbelt, P. D. Clegg, and C. A. Cochrane.** 2011. Microbiology of equine wounds and evidence of bacterial biofilms. Vet Microbiol **150**:152-159.

389. **Wilson, W. D.** 2001. Rational selection of antimicrobials for use in horses, Presented at the Annual convention of the AAEP.

390. **Witte, W., B. Strommenger, C. Stanek, and C. Cuny.** 2007. Methicillin-resistant *Staphylococcus aureus* ST398 in humans and animals, Central Europe. Emerging infectious diseases **13**:255-258.

391. **Wood, J. L., E. D. Chirnside, J. A. Mumford, and A. J. Higgins.** 1995. First recorded outbreak of equine viral arteritis in the United Kingdom. Vet Rec **136:**381-385.

392. **Wu, G., X. Li, X. Fan, H. Wu, S. Wang, Z. Shen, and T. Xi.** 2011. The activity of antimicrobial peptide S-thanatin is independent on multidrug-resistant spectrum of bacteria. Peptides **32:**1139-1145.

393. **Yager, J. A.** 1987. The pathogenesis of *Rhodococcus equi* pneumonia in foals. Vet Microbiol **14:**225-232.

394. **Yamshchikov, A. V., A. Schuetz, and G. M. Lyon.** 2010. *Rhodococcus equi* infection. Lancet Infect Dis **10:**350-359.

395. **Yang, B. D., Q. Chen, A. P. Schmidt, G. M. Anderson, J. M. Wang, J. Wooters, J. J. Oppenheim, and O. Chertov.** 2000. LL-37, the neutrophil granule- and epithelial cell-derived cathelicidin, utilizes formyl peptide receptor-like 1 (FPRL1) as a receptor to chemoattract human peripheral blood neutrophils, monocytes, and T cells. J Exp Med **192:**1069-1074.

396. **Yang, D., Q. Chen, O. Chertov, and J. J. Oppenheim.** 2000. Human neutrophil defensins selectively chemoattract naive T and immature dendritic cells. J Leukoc Biol **68:**9-14.

397. **Yang, D., O. Chertov, S. N. Bykovskaia, Q. Chen, M. J. Buffo, J. Shogan, M. Anderson, J. M. Schroder, J. M. Wang, O. M. Howard, and J. J. Oppenheim.** 1999. Beta-defensins: linking innate and adaptive immunity through dendritic and T cell CCR6. Science **286:**525-528.

398. **Yasin, B., W. Wang, M. Pang, N. Cheshenko, T. Hong, A. J. Waring, B. C. Herold, E. A. Wagar, and R. I. Lehrer.** 2004. Theta defensins protect cells from infection by herpes simplex virus by inhibiting viral adhesion and entry. J Virol **78:**5147-5156.

399. **Yasui, T., K. Fukui, T. Nara, I. Habata, W. Meyer, and A. Tsukise.** 2007. Immunocytochemical localization of lysozyme and beta-defensin in the apocrine glands of the equine scrotum. Arch Dermatol Res **299:**393-397.

400. **Yasui, T., A. Tsukise, K. Fukui, Y. Kuwahara, and W. Meyer.** 2005. Aspects of glycoconjugate production and lysozyme- and defensins-expression of the ceruminous glands of the horse (Equus przewalskii f. dom.). European journal of morphology **42**:127-134.

401. **Yeaman, M. R., and N. Y. Yount.** 2003. Mechanisms of antimicrobial peptide action and resistance. Pharmacol Rev **55**:27-55.

402. **Yonezawa, A., J. Kuwahara, N. Fujii, and Y. Sugiura.** 1992. Binding of tachyplesin I to DNA revealed by footprinting analysis: significant contribution of secondary structure to DNA binding and implication for biological action. Biochemistry **31**:2998-3004.

403. **Yount, N. Y., and M. R. Yeaman.** 2004. Multidimensional signatures in antimicrobial peptides. Proc Natl Acad Sci U S A **101**:7363-7368.

404. **Yu, J., N. Mookherjee, K. Wee, D. M. Bowdish, J. Pistolic, Y. Li, L. Rehaume, and R. E. Hancock.** 2007. Host defense peptide LL-37, in synergy with inflammatory mediator IL-1beta, augments immune responses by multiple pathways. J Immunol **179**:7684-7691.

405. **Zaiou, M., and R. L. Gallo.** 2002. Cathelicidins, essential gene-encoded mammalian antibiotics. J Mol Med (Berl) **80**:549-561.

406. **Zanetti, M.** 2004. Cathelicidins, multifunctional peptides of the innate immunity. J Leukoc Biol **75**:39-48.

407. **Zanetti, M., R. Gennaro, and D. Romeo.** 1995. Cathelicidins: a novel protein family with a common proregion and a variable C-terminal antimicrobial domain. FEBS Lett **374**:1-5.

408. **Zasloff, M.** 2002. Antimicrobial peptides of multicellular organisms. Nature **415**:389-395.

409. **Zasloff, M.** 1987. Magainins, a class of antimicrobial peptides from *Xenopus* skin: isolation, characterization of two active forms, and partial cDNA sequence of a precursor. Proc Natl Acad Sci U S A **84**:5449-5453.

410. **Zhang, J., F. Miszczak, S. Pronost, C. Fortier, U. B. Balasuriya, S. Zientara, G. Fortier, and P. J. Timoney.** 2007. Genetic variation and

phylogenetic analysis of 22 French isolates of equine arteritis virus. Arch Virol **152**:1977-1994.

411. **Zhang, L., R. Benz, and R. E. Hancock.** 1999. Influence of proline residues on the antibacterial and synergistic activities of alpha-helical peptides. Biochemistry **38**:8102-8111.

412. **Zhang, L., J. Parente, S. M. Harris, D. E. Woods, R. E. Hancock, and T. J. Falla.** 2005. Antimicrobial peptide therapeutics for cystic fibrosis. Antimicrob Agents Chemother **49**:2921-2927.

413. **Zhang, Z. Q., C. Giroud, and T. Baltz.** 1991. *In vivo* and *in vitro* sensitivity of *Trypanosoma evansi* and *T. equiperdum* to diminazene, suramin, MelCy, quinapyramine and isometamidium. Acta Trop **50**:101-110.

414. **Zhao, C., T. Ganz, and R. I. Lehrer.** 1995. The structure of porcine protegrin genes. FEBS Lett **368**:197-202.

415. **Zhao, C., L. Liu, and R. I. Lehrer.** 1994. Identification of a new member of the protegrin family by cDNA cloning. FEBS Lett **346**:285-288.

416. **Zheng, Y., F. Niyonsaba, H. Ushio, I. Nagaoka, S. Ikeda, K. Okumura, and H. Ogawa.** 2007. Cathelicidin LL-37 induces the generation of reactive oxygen species and release of human alpha-defensins from neutrophils. The British journal of dermatology **157**:1124-1131.

417. **Zink, M. C., J. A. Yager, and N. L. Smart.** 1986. *Corynebacterium equi* infection in horses, 1958-1984: A review of 131 cases. Am. J. Vet. Res. **46**:2171-2174.

418. **Zucca, M., and D. Savoia.** 2010. The post-antibiotic era: promising developments in the therapy of infectious diseases. Internation Journal of Biomedical Science **6**:77-85.

RESUME, MOTS CLEFS ET ADRESSES

Potentiel thérapeutique de peptides antimicrobiens équins contre *Rhodococcus equi* et autres pathogènes majeurs du cheval

Au cours de la dernière décennie, la sensibilité des bactéries aux antibiotiques conventionnels a considérablement diminué et nous assistons à l'émergence de microbes multirésistants en médecine humaine et équine. Les peptides antimicrobiens (PAMs) sont de petites molécules qui participent à la réponse immunitaire innée chez l'ensemble des organismes vivants. Ils ont montré un grand intérêt en tant que nouvelle classe d'agents antimicrobiens au coté des antibiotiques pour bon nombre de raisons. En effet, ils sont reconnus pour avoir un mode d'action rapide et bactéricide, un large spectre d'action et un faible risque de sélection de résistance. Dans ce travail, le potentiel thérapeutique de PAMs équins a été évalué pour divers agents pathogènes du cheval avec un accent particulier sur *Rhodococcus equi*, une cause majeure de mortalité chez les poulains. Le peptide le plus prometteur, eCATH1, a montré une activité antibactérienne à de faibles concentrations contre *R. equi* ainsi que *Streptococcus zooepidemicus* et *Klebsiella pneumoniae*. En outre, le peptide s'est avéré efficace contre *R. equi* intramacrophage *in vitro* ainsi que dans un modèle souris de l'infection sans induire de toxicité et a présenté une interaction positive avec la rifampicine. Malgré le fort potentiel thérapeutique de eCATH1 contre rhodococcose, il reste à mettre en place une méthode de production en grande quantité et à faibles coûts afin de prouver son efficacité chez les poulains infectés, ainsi que de rendre son utilisation viable pour l'industrie pharmaceutique.

Mots clefs :

Peptide antimicrobien, cheval, rhodococcose, eCATH1, cathelicidine, defensine, maladie infectieuse, pathogène, traitement, potentiel thérapeutique

Discipline :

Aspects Moléculaires et Cellulaires de la Biologie / *Molecular and Cellular Aspects of Biology*

Dozulé laboratory for equine diseases, Anses, Goustranville, 14430 Dozulé, France

Institute of Biochemistry, Christian-Albrechts-University of Kiel, Olshausenstrasse 40, 24098 Kiel, Germany

Unité de Recherche Risques Microbiens, University of Caen Basse-Normandie, 14000 Caen, France